Karin Müller

Das Delfin-Mädchen

5 4 3

ISBN 978-3-8157-9867-6

Redaktion: Valerie Flakowski

Printed in Germany

www.coppenrath.de

Karin Müller

Das Delfin-Mädchen

Mit Vignetten von
Betina Gotzen-Beek

COPPENRATH

Kapitel 1

»Marie?« Jan Rehschmidt ließ seinen Blick über den Pier schweifen. »Marie«, schimpfte er und rief noch einmal lauter: »Marie!«

»Wo steckt sie denn? Die Fähre legt gleich ab!« Frau Rehschmidt stand neben ihrem Mann, die Hände in die Hüften gestemmt.

Das Auto war verladen, der Lastwagen mit den Möbeln auch. Der dicke Bauch der Schiffsluke schloss sich kreischend und nur noch ein kleiner schwankender Steg war für verspätete Passagiere als letztes Bindeglied vom Festland zum Schiff ausgefahren.

Es hatte Stunden gedauert, bis Maries Vater alle Formalitäten erledigt hatte. Dabei hatte er mehrere Stofftaschentücher beim Abtupfen von Stirn und Nacken durchgeschwitzt. Dann hatte der Hafenmeister ihnen glücklich zugewinkt und das Rollo zu seinem Bürofenster herabgezogen. Froh, die deutschen Auswanderer endlich los zu sein und Siesta halten zu können.

Es stank nach Diesel und Algen und heißem Frittierfett aus irgendeiner Hafenspelunke. Das Schiff würde gleich ablegen und nun war Marie weg. Eben hatte sie noch die Möwen mit den Resten ihres Frühstücksbrötchens gefüttert und jetzt war sie verschwunden. Mahnend tutete die Schiffssirene. Maries Vater raufte sich die spärlichen Haare unter der Schirmmütze.

»Vamos!«, rief ihnen ein braun gebrannter Hafenarbeiter zu und wies sie mit drängender Geste an Bord.

»Marie!«, brüllte ihre Mutter.

Marie verließ mit einem Seufzer ihren Schattenplatz hinter einem der Container, die leer an Land zurückblieben, und schlenderte zu ihren Eltern.

»Andale, chica!«, rief der Hafenarbeiter und ruckelte drängelnd an der metallenen Seitenstrebe des Stegs.

Ohne ein Wort zu sagen, wurde Marie von ihren Eltern an Bord gezogen.

Der Hafenarbeiter brummte kopfschüttelnd etwas auf Spanisch durch die Lücke zwischen seinen braunen Zähnen. Er spuckte auf den Boden, als er den Steg einholte und das Zeichen zum Ablegen gab.

Marie verzog angewidert das Gesicht. Wenn alle Spanier so waren, hatte sie es ganz bestimmt nicht eilig, auf die Insel zu kommen. Wer wollte dort schon wohnen? Irgendwo am Ende der Welt, kurz vor Afrika?

Urlaubsparadies, pah! Ihre beste Freundin Hanna war weit weg. Sie würde Marie nicht so schnell besuchen kommen.

Was sie ihr nicht verubeln konnte. Von der Sonne und dem Meer bekam man bestimmt Pickel, Pusteln und Ausschlag. Und sicher gab es keinen Arzt in der Nähe.

Marie glotzte missmutig über die Reling in die Gischt. Eine Plastiktüte trieb vorbei.

»Hier werde ich ganz bestimmt nicht baden«, murmelte sie düster vor sich hin.

»Hast du was gesagt, Liebling?«, erkundigte sich ihre Mutter und strahlte sie an. »Ist das nicht aufregend? Komm, wollen wir nach vorn an den Bug gehen? Vielleicht sehen wir Delfine. Der Hafenmeister hat Papa erzählt, dass es hier ganz viele gibt.«

Für Maries Geschmack war ihre Mutter viel zu gut gelaunt. Seit Wochen schon. Sie war gar nicht mehr so blass und wortkarg und traurig wie in den Monaten davor. Dabei hatte Isabelle Rehschmidt viele Freundinnen in Deutschland zurückgelassen. Eine Riesenabschiedsparty hatten die für sie veranstaltet.

Alles streng geheim. Marie war natürlich eingeweiht gewesen und hatte nichts verraten dürfen. Das hatte sie auch nicht. Aber nicht, weil sie keine Spielverderberin sein wollte, sondern weil sie das alles extrem langweilig und bescheuert fand.

Den Blick auf den grün gestrichenen Boden gesenkt, um in keine der ölig schillernden Pfützen zu treten, folgte sie ihrer Mutter. Seit ihre Eltern mit dem Plan herausgerückt waren, im Süden eine Pension zu kaufen, hatte Marie schlechte Laune. Sie wollte kein neues Land, keine neuen Freunde und kein neues Haus mit großem Garten und ohne Winter.

Aber das spielte keine Rolle. Es war gleichgültig, was sie dachte oder fühlte, ihre Eltern hatten sie nicht gefragt. Sie hatten einfach über ihren Kopf hinweg entschieden, ganz so, als würde sie überhaupt nicht richtig zur Familie gehören. Marie blieb stehen und betrachtete fasziniert eine kleine Spinne. Sie hatte ein gigantisches Netz zwischen zwei Stufen der rostigen Metalltreppe gesponnen, die auf das Oberdeck führte.

Sicher hatte ihre Mutter nicht darüber nachgedacht, ob diese Spinne vielleicht giftig war. Sie und ihr Vater machten sich überhaupt wenig Gedanken über Bakterien, Krankheiten und ... Marie runzelte die Stirn.

Stattdessen entschieden sie mal eben, in den Süden auszuwandern. Wo doch jeder wusste, dass Sonne Krebs verursachte.

Es stank nach Diesel oder womit auch immer diese durchrostungsgefährdete Fähre betrieben wurde. Marie rümpfte die Nase und überlegte, ob sie wie ihre Mutter und ein paar andere ahnungslose Touristen die Spinne ignorieren sollte.

»Marie! Da drüben, schau!« Isabelle Rehschmidt sah von oben die steile Treppe hinab und winkte sie mit hektischen Handbewegungen zu sich hinauf. »Komm schon, beeil dich, Marie!«

Wenn sie nicht wollte, dass sich alle anderen Passagiere nach ihr umdrehten, musste Marie sich jetzt entscheiden, wie sie die Spinnentreppe meistern wollte. Wenn sie zwei Stufen auf einmal nahm, lief sie Gefahr, zu stürzen und sich ein Bein zu brechen. Sie zögerte und umfasste fest die Eisenstangen des Treppengeländers. Das Schiff schwankte und der scharfe Dieselgeruch drang ihr abermals in die Nase. Übelkeit stieg in ihr auf. Marie hatte seit einem flauschigen Weißmehlbrötchen mit quietschsüßer Kirschmarmelade am Morgen nichts mehr gegessen.

»Nun komm doch, Mariechen!«, drängelte ihre Mutter aufgeregt und beobachtete mit einer Hand über den Augen den Horizont.

Marie atmete tief durch. Die Spinne war offensichtlich voll und ganz damit beschäftigt, eine unvorsichtige Fliege in einen Kokon zu wickeln. Sieben Stufen und vier Schritte später stand sie schließlich neben ihrer Mutter und versuchte gehorsam, ihrem Blick zu folgen.

Wahrscheinlich sah man irgendwo weit draußen ein paar silbrige Punkte, die genauso gut Bojen oder Möwen sein konnten. Marie seufzte ergeben. Doch sie irrte sich.

Tatsächlich waren die Delfine kaum zwanzig Meter entfernt. Groß und deutlich sah man sie aus dem Meer steigen und in hohen Bögen zurückspringen, ihre dreieckigen Rückenflossen glänzten im gleißenden Mittagslicht. Marie kniff die Augen zusammen.

»Sind die nicht wunderschön? Das ist bestimmt ein gutes Omen!« Isabelle Rehschmidt drückte ihre Tochter an sich.

»Bonitos«, erklärte ein Spanier, der neben ihnen stand. Er deutete auf einen Schwarm großer, dicker Fische, die in der Nähe der Delfine dicht unter der Wasseroberfläche dahinschossen.

Marie stellte sich auf die Zehenspitzen, um besser sehen zu können, und der Mann nickte ihr freundlich zu. Schnell schaute sie weg und pulte sich ein Eukalyptusbonbon aus der Hosentasche.

Ihre Mutter verwickelte den Einheimischen derweil in ein Gespräch. Sie hatte seit Wochen Spanisch gelernt, weil sie die Vorstellung furchtbar fand, in ein neues Land zu ziehen und die dortige Sprache nicht zu sprechen.

Marie hatte auch einen Spanischkurs belegt, tat sich aber mit der Aussprache schwer. Deshalb war sie ziemlich erstaunt, dass der Fremde ihre Mutter anscheinend richtig gut verstand und angeregt mit ihr plauderte. Die beiden lachten und Marie rollte mit den Augen. Sie wusste nicht, was so lustig sein sollte.

Ihr Blick wanderte wieder auf das Wasser hinaus. Wie eine Art Begrüßungskomitee schwammen die Delfine vor dem Boot in den Hafen und drehten erst kurz vor der Mole ab.

»Ach, hier seid ihr«, wurde sie aus ihren Gedanken gerissen. Jan Rehschmidt legte ihr die Hand auf die Schulter und hielt ihr eine Limonade hin.

Aus reiner Höflichkeit öffnete Marie die Dose, putzte sie verstohlen an ihrem T-Shirt ab und nahm einen Schluck. In dem Moment merkte sie, wie durstig sie war. Sie trank die Dose in einem Zug aus, setzte sie ab und musste rülpsen. Erschrocken hielt sie sich die Hand vor den Mund.

Der Spanier sagte irgendetwas, das Marie nicht verstand, ihre Eltern aber zum Lachen brachte. Dann verabschiedeten sich Jan und Isabelle Rehschmidt von dem Mann und lenkten Marie vor sich her die Treppe hinunter zum Autodeck.

Hier war es laut und stickig, der Boden schwankte unter Maries Füßen und der Geruch nach Öl und Benzin war kaum auszuhalten. Maries Magen meldete sich wieder, und sie war heilfroh, als ein Rumsen wie bei einem mittleren Erdbeben darauf deutete, dass sie angelegt hatten. Erleichtert sank sie in ihren Kindersitz und kurbelte die Scheibe herunter. Im Auto war es noch heißer als draußen. Sie schloss die Augen und begann, langsam bis hundert zu zählen.

Als sie bei dreiundachtzig angekommen war, ließ ihr Vater den Motor an, und bei einhundertundsieben spürte sie eine frische Brise im Gesicht.

Sie öffnete die Augen. Die bonbonfarbenen Häuser, die sie vom Schiff aus gesehen hatte, wirkten aus der Nähe nicht mehr ganz so puppenhaft. Der Putz bröckelte von den Wänden und die salzhaltige Luft hatte auch den Scharnieren an Fensterläden und Türangeln zugesetzt und rostige Spuren hinterlassen. Der Hafen war viel kleiner als der auf dem Festland, aber auch hier herrschte geschäftiges Treiben. Fischer hatten ihre Netze zum Trocknen in die Sonne gehängt. Container wurden ausgeladen und überall boten Männer in kurzen Hosen ihre Waren feil.

Plötzlich stutzte Marie. Zwischen all dem Trubel turnte ein Mädchen mit einem kleinen Hund herum. Marie beobachtete es fasziniert aus dem fahrenden Auto. Es mochte etwas so alt sein wie sie, hatte schwarze kringelige Locken, die mit einem violetten Stofftuch zurückgebunden waren, und balancierte wagemutig auf einem Haufen offener Kisten. Das Hündchen hüpfte bellend und schwanzwedelnd um sie herum. Als der Stapel mit lautem Getöse umfiel, donnerte einer der Hafenarbeiter mit einer Schimpfkanonade los und schüttelte wütend seine Faust. Aber das Mädchen pfiff nur nach seinem Hund und sprang lachend davon.

In diesem Augenblick trafen sich ihre Blicke. Marie hob automatisch die Hand zum Gruß, erschrak über sich selbst und ließ sich rasch wieder gegen die Rückenlehne sinken.

Kaum hatten sie das Hafengelände hinter sich gelassen, nahm der Wagen Tempo auf.

»Sind wir bald da?«, fragte sie. Aber durch den Fahrtwind hörten ihre Eltern sie nicht.

Kapitel 2

Das Haus war eigentlich gar nicht so übel, dachte Marie. Aber das hätte sie niemals laut gesagt.

Ihre Mutter hingegen ließ ihrer Freude freien Lauf. »Es ist traumhaft. Und dieser Blick! Liebling, komm doch mal!« Sie meinte Marie.

Diese bemühte sich, weiter mürrisch dreinzuschauen. Doch das war gar nicht so einfach. Das vanillecremefarbene Haus mit den rosa gestrichenen Fensterläden gefiel ihr auf Anhieb.

Die putzige Villa hatte sechs kleine Zimmer und einen Turm und war direkt in den Hang gebaut. Von beinahe jedem Fenster aus konnte man das Meer sehen. Im Garten blühten riesige Hibiskusbüsche. Oleander und andere Blumen, deren Namen Marie nicht kannte, wucherten wie Unkraut über den kleinen Weg aus hellen Steinplatten, der direkt zu einem ovalen Pool führte.

Marie verschluckte sich beinahe, als sie einen Juchzer unterdrückte. Niemals würde sie zugeben, dass es hier schön war.

Da ihre Eltern freiberuflich arbeiteten und das von überall auf der Welt tun konnten, hatten sie aus heiterem Himmel entschieden, in den Süden zu ziehen. Dort wollten sie, um ihre Finanzen etwas aufzubessern, Ferienzimmer anbieten. Kurz darauf hatten die ersten Prospekte auf dem Tisch gelegen, Maries Vater hatte mit der Bank gesprochen, sie hatten ihr kleines Häuschen in Hannover untervermietet und dann war es losgegangen.

Marie fühlte sich immer noch völlig überrumpelt und war fest davon überzeugt, dass das Leben auf der spanischen Insel stinklangweilig werden würde. Sie kannte hier niemanden und würde so schnell auch niemanden kennenlernen, denn sie sprach kaum Spanisch und kein Mensch würde sie verstehen. Sicher gab es auch keine Bücherei auf der Insel und überhaupt …

Marie sah sich um und trat in etwas, das unter ihrem Schuh zerbröselte. Als sie den Fuß hob, war sie nicht besonders überrascht. Putz. Die Farbe bröckelte von der Hausfassade. Das war wohl überall so in Spanien.

Jan Rehschmidt bemerkte den skeptischen Blick seiner Tochter. »Das macht die salzhaltige Luft. Deswegen rostet alles sehr schnell und die Farbe hält auch nicht so lange wie bei uns an den Wänden. Aber das macht nichts. Hier werden wir viel mehr Zeit haben als in Deutschland. Gefällt es dir?«

Marie brachte es nicht übers Herz, den Kopf zu schütteln, als sie die hoffnungsvollen Blicke ihrer Eltern sah. Sie hob die Schultern. Vielleicht war ja was dran an dem Versprechen, dass sie nun mehr Zeit für sie haben würden. »Wo ist mein Zimmer?«, fragte sie heiser.

»Welches möchtest du denn?«, fragte ihre Mutter. »Komm, lass uns nach oben gehen und noch mal in Ruhe alles anschauen. Und dann packen wir aus. Als Erstes die Küchensachen. Ich habe nämlich großen

Hunger.« Sie strahlte ihren Mann an. »Das macht bestimmt die gesunde Seeluft.«

Marie krauste die Stirn. Ihr Magen knurrte ebenfalls. Es stimmte natürlich, Seeluft war gesund. Das hatte sie bisher gar nicht bedacht. Das war dummerweise ein Pluspunkt, der allerdings durch übergroße Spinnen wieder wettgemacht wurde, wie sie zu ihrer Genugtuung feststellte. An der hellgelb verputzten Wand im Treppenhaus saß ein weiteres dunkles Exemplar mit haarigen Beinen.

Doch bevor Marie ihre Mutter anstupsen konnte, huschte ein eidechsenähnliches Geschöpf auf die Spinne zu und verschwand dann geschwind mit ihr unter einem Fenstervorhang. Marie rieb sich die Augen und blinzelte. Hatte sie das alles nur geträumt? Sie zögerte und hob dann den orangefarbenen Vorhang ein Stück an. Ganz oben, senkrecht an die Wand gepappt, saß die kleine Eidechse und kaute. Sie hatte Saugnäpfe an den Füßen, die ihr offensichtlich guten Halt gaben.

»Mahlzeit«, murmelte Marie fasziniert.

»Was hast du gesagt?«, fragte ihre Mutter, die bereits den oberen Treppenabsatz erreicht hatte.

»Hier gibt es kleine Saurier«, antwortete Marie und ließ den Vorhang vorsichtig wieder über das kleine Reptil gleiten, das hurtig bis zur Gardinenstange hinaufspurtete. »Sie hängen an der Wand, sind blitzschnell und fressen Spinnen.«

Ihre Mutter lachte. »Ja, das sind Geckos. Es ist ein gutes Vorzeichen, einen im Haus zu haben! Geckos sind wunderbar. Ich hoffe, dass auch Mücken auf ihrem Speiseplan stehen. Allerdings muss ich gestehen, ich finde sie ein bisschen unheimlich.«

Marie grinste breit. Allmählich begann ihr Spanien zu gefallen.

Sie entschied sich für ein Zimmer mit einem richtigen Himmelbett aus gedrechseltem Holz und mit einem hellgrünen Baldachin. Vom Meer wehte eine leichte Brise durch die offenen Fenster und bewegte die Vorhänge des Bettes. Das Zimmer hatte zwei Fenster über Eck. Das eine ging nach hinten raus, mit Blick auf den Garten. Und wenn man sich aus dem anderen hinauslehnte, konnte man die Klippen und das Meer sehen.

Eigentlich hatten die Möbelpacker gleich nach dem Essen kommen sollen, aber das war nicht der

Fall gewesen. Maries Vater wurde ein wenig nervös, führte ein längeres Telefonat auf Spanisch und legte schließlich mit rotem Gesicht den Hörer auf. »Siesta«, erklärte er und tupfte sich die Stirn mit dem Stofftaschentuch ab.

»Marie, wollen wir in der Zwischenzeit nicht zum Strand gehen?«, schlug Isabelle vor.

Marie trat nervös von einem Fuß auf den anderen. Sie konnte sich was Schöneres vorstellen, als in der sengenden Hitze zum Meer zu laufen. Der Gedanke, mit ihrem sichtlich genervten Vater schwere Kartons aus dem Lkw zu zerren, weil er mit dem Auspacken nicht länger warten wollte, behagte ihr aber auch nicht. Und da ihre Eltern sie wohl kaum allein auf dem Zimmer zurücklassen würden, entschied sie sich schließlich für den Strand. »Wo ist die Sonnenmilch?«, fragte sie.

»In deinem Rucksack«, antwortete Isabelle Rehschmidt grinsend. »Du hast dich doch an Bord des Schiffes bereits zwei Mal eingecremt.«

»Sicher ist sicher«, erwiderte Marie und setzte ihren Strohhut auf. »Ich geh dann mal kurz ins Bad.«

»Lasst mich nur alleine«, hörte Marie ihren Vater sagen. Sie kannte ihn aber gut genug, um zu wissen, dass er froh war, ein paar Minuten allein vor sich hin puzzeln zu können.

Marie und ihre Mutter schlugen einen mit Natursteinen gepflasterten Weg hügelabwärts ein. Es war heiß. In den knorigen Büschen am Straßenrand zirpten Zikaden.

»Mas rapido! Schneller! Aus der Bahn«, kreischte plötzlich eine Mädchenstimme hinter ihnen. Sekunden später sauste ein klappriges Fahrrad mit einem Schwanz aus scheppernden Blechdosen bergab an ihnen vorbei und machte einen Höllenlärm. Darauf saß ein Mädchen mit schwarzen Zöpfen. Sie trug abgeschnittene Jeans und ein Karohemd mit aufgekrempelten Ärmeln, hatte die Beine von den sich rasend schnell drehenden Pedalen gelöst und weit abgespreizt. Sie wurde von einer Schar lachender Kinder und einem mittelgroßen schwarz-weiß gefleckten Hund verfolgt. Das Mädchen trug keinen Helm und war barfuß.

Die hat sicherlich die schmutzigsten Füße der Welt, dachte Marie und zog unwillkürlich den Kopf ein, als das Rad in halsbrecherischem Tempo um die nächste Ecke schoss. Gleich scheppert es bestimmt.

Doch das Geräusch eines Aufpralls blieb aus. Nicht einmal ein Autohupen war zu hören. Nur das immer leiser werdende Kläffen des Mischlingshundes klang zu ihnen herüber.

Isabelle Rehschmidt schnappte nach Luft und lachte. »Na, die hatten es ja ganz schön eilig. Wenn ich die Kinder richtig verstanden habe, ist wohl der Eismann gekommen. Möchtest du auch ein paar Kugeln?«

Marie schüttelte energisch den Kopf. Sie hatte gelesen, dass man in südlichen Ländern schnell Durchfall bekam, wenn man Eis zu sich nahm. Da bemerkte sie den sorgenvollen Blick ihrer Mutter. »Also gut«, gab sie nach.

Isabelle Rehschmidt seufzte erleichtert.

Als sie um die nächste Kurve bogen, lag die kleine Strandpromenade direkt vor ihnen. Hinter der niedrigen Kaimauer schaukelten ein paar Fischerboote in den Wellen. Eine hölzerne Treppe führte hinunter an einen breiten Sandstrand, auf dem jede Menge Sonnenliegen und Bambusschirme aufgestellt worden waren. Die Hälfte war unbesetzt, es herrschte noch keine Hochsaison. Aber für Marie waren hier bereits jetzt schon entschieden zu viele Menschen.

Sie gingen weiter auf der Promenade, die mit Palmen und Laternen gesäumt war. Das Fahrrad des Mädchens lag achtlos hingeworfen vor einer Bank. Eins der Pedale drehte sich im Wind.

Die Kinder standen vor einem weißen Lieferwagen, auf den eine gigantische Eistüte mit bonbonfarbenen Kugeln gemalt war.

Maries Mutter zückte ihr Portemonnaie. »Na, welche Sorten möchtest du?«

»Weiß nicht«, sagte Marie leise. Das schwarzhaarige Mädchen, das umringt von vier anderen braun gebrannten Kindern Eis schleckend im Schatten des Wagens lehnte, sah sie herausfordernd an.

Am Kopftuch und an dem Hund erkannte Marie, dass es das Mädchen vom Hafen war. Allerdings trug nun der Vierbeiner das lilafarbene Tuch um den Hals.

Marie hob die Hand zum Gruß.

Das Mädchen nickte kurz, stopfte sich den Rest der Eiswaffel in den Mund und rannte los.

»Hola«, begrüßte Isabelle Rehschmidt die Kinder fröhlich, als die Horde an ihnen vorbeilief.

Die Schar stob lachend auseinander und stürmte zum Wasser hinunter, vorneweg natürlich das Mädchen mit den Zöpfen.

Kapitel 3

Die Tage vergingen. Jan und Isabelle Rehschmidt waren mit Auspacken, Räumen und Dekorieren beschäftigt.

Und Marie langweilte sich. Sie hatte keine Lust zum Lesen, zum Spielen war niemand da und den Gecko hatte sie schon unendlich oft gemalt. Und irgendwie sah er jedes Mal gleich aus, wie er da so senkrecht an der Wand hockte und auf Fliegen oder Mücken lauerte. Und zähmen lassen wollte er sich auch nicht. Wann immer Marie ihm eine Spinne fing oder mit der Fliegenklatsche für ihn auf Jagd ging – er wartete stets, bis sie einen Moment nicht hinsah, um sich die Beute auf dem Fensterbrett zu schnappen und wieder hinter dem Vorhang zu verschwinden.

»Ich gehe spazieren«, verkündete Marie, während sie ihren Rucksack mit den Malsachen, mehreren Pflastern, einem Taschenmesser, Kompass, Streichhölzern, einem Müsliriegel und der Sonnencreme packte. Es kam keine Antwort. Marie kratzte sich stirnrunzelnd am Handgelenk. Warum mussten Mückenstiche eigentlich jucken? Sie überlegte einen Moment lang, ob sie ihr Tagebuch mitnehmen sollte. Sie hatte eine neue Rubrik in der braunen Kladde eingeführt, die in ihrem Nachtkästchen lag. Neben den Spalten für:

Mückenstiche
Schlangenbisse
Sonnenbrand
Oberflächliche Schürfwunden

stand nun:

Überlebte Tage

Dahinter setzte sie jeden Abend vor dem Schlafengehen einen Strich. Fast ebenso viele Striche befanden sich neben der Rubrik *Mückenstiche*. Die für *Schlangenbisse* war leer.

Noch.

Glücklicherweise.

Marie seufzte, steckte die Kladde in den Rucksack und trottete die Treppe hinunter in die Küche, um sich eine Flasche Wasser aus dem Kühlschrank zu nehmen.

»Ich gehe spazieren!«, rief sie noch einmal laut.

Diesmal klang dumpf die Stimme ihres Vaters aus dem Keller zu ihr hinauf. »Ist gut, Schatz! Sei bitte zum Essen wieder da.«

Marie brummte verärgert. Für das Abendbrot war sie seit Neuestem zuständig, weil ihre Eltern bis zum Sonnenuntergang im Garten oder am Haus herumfuhrwerkten, um alles für die ersten Feriengäste vorzubereiten, die zum Wochenende eintreffen sollten.

Marie schulterte ihren Rucksack und trat vor die Haustür. Die Nachmittagshitze schlug ihr entgegen und nahm ihr im ersten Augenblick fast die Luft zum

Atmen. Aber das kannte Marie jetzt schon. Nach ein paar Schritten hatte man sich daran gewöhnt. Und im Schatten ließ es sich gut aushalten.

»Oh, how lovely!« Ein englisches Ehepaar mit rosaroten Beinen in karierten Shorts stand auf der anderen Straßenseite und zückte die Digitalkameras, als es Marie sah. Sie gaben ihr mit Gesten zu verstehen, sich auf die Mauer zu setzen und in die Kamera zu lächeln.

Marie wollte nicht fotografiert werden. Schon gar nicht von wildfremden Touristen. Sie grunzte und machte sich im Dauerlauf davon. Der Rucksack schwappte unangenehm in ihrem Rücken und ein feuchter Fleck breitete sich auf ihrem T-Shirt aus. Offensichtlich war der Verschluss der Wasserflasche nicht richtig zu gewesen.

Marie schnaubte und setzte den Rucksack ab. In seinem Inneren schwammen ihre Malsachen. Zum Glück hatte ihr Tagebuch nichts abbekommen. Marie beseitigte die Überflutung, so gut es ging, und schlug den Weg zum Strand ein.

Sie hatte vor ein paar Tagen einen kleinen Schotterweg entdeckt, vorbei an Gärten mit Zitronenbüschen und reifen Orangen, Pfeffersträuchern und unglaublich duftenden Hibiskuspflanzen. Außer den Einheimischen verirrte sich selten jemand hierher. Es machte den Anschein, der Weg würde im Nichts enden. Aber Marie wusste es besser. Wenn man auf die hässliche hüfthohe Betonmauer kletterte und auf den grauen Steinen bis zur nächsten Biegung balancierte, ohne abzustürzen (das hatte ihr beim ersten Mal gleich sieben Einträge in der Rubrik *Oberflächliche Schürfwunden* eingebracht), dann erreichte man eine winzige, einsame Bucht. Sie war wie ein kleines Paradies, und so wunderte es Marie nicht besonders, dass sie Tummelplatz für eine Gruppe von Delfinen war.

Marie seufzte. Sie atmete tief durch und inhalierte die salzige Meeresluft. Die Bucht, die vom Land her kaum zugänglich war und von der Seeseite durch große Felsbrocken versperrt wurde, war auch für die Tümmler ein Rückzugsort. »Ich bewahre euer Geheimnis. Bei mir seid ihr sicher«, versprach sie feierlich. Sie stellte sich vor, wie die frische Brise ihre geflüsterten Worte hinaus zu den spielenden Meeressäugern trug.

Die Delfine beobachteten sie, so schien es ihr, und egal, ob sie die Worte verstanden hatten oder nicht: Sie befanden Marie anscheinend für ungefährlich, denn sie blieben und setzten unbekümmert ihr Spiel fort. Jetzt teilten sie ein Geheimnis, die Delfine und Marie.

Sie seufzte noch einmal und dachte zum ersten Mal, dass das Leben auf dieser Insel eigentlich ganz schön war.

Unter gewöhnlichen Umständen wäre sie niemals freiwillig über die Mauer geklettert. Sie wäre nicht einmal auf die Idee gekommen, diesen holprigen Weg hinunter zum Strand zu laufen. Aber seit einigen Tagen fielen mehr und mehr Touristen wie eine Heuschreckenplage auf der Insel ein, und Marie hatte das Gefühl, nirgendwo mehr allein zu sein. Die Gäste waren überall, fragten ständig nach dem Weg oder nach Restaurants. Sie rochen entweder nach Schweiß oder stanken nach Parfüm und kamen Marie oftmals zu nah, um ihr eine Karte der Insel zu zeigen, auf der das Dorf nur sehr klein eingezeichnet war, sodass man darauf tatsächlich nichts finden konnte.

Marie beobachtete die Delfine in der Nähe des Strandes, wie sie miteinander balgten und in silbernen Bögen aus dem Wasser sprangen. Ihr wurde ganz leicht ums Herz.

Die Bucht war ihr geheimer Platz, wo sie den Touristen aus dem Weg gehen konnte. Das dachte sie jedenfalls.

Denn gerade als sie die Malsachen zum Trocknen auslegen wollte, wurde sie von einer kalten Hundeschnauze am Bein berührt.

Marie quietschte und zuckte zurück.

Der Hund fiepte und suchte das Weite. Es war der kleine Mischling von dem spanischen Mädchen, das Marie schon ein paarmal von Weitem gesehen hatte.

Es saß nicht weit von ihr entfernt auf den Felsen. Ihr Gesicht war dreckverschmiert, ihre Augen leicht gerötet, als hätte sie gerade geweint. Als sie Marie und den Hund sah, fing sie jedoch an zu lachen. Ihre schneeweißen Zähne leuchteten aus dem braunen Gesicht heraus. Sie wischte sich mit der Hand über die Nase und putzte diese dann an ihrem karierten Hemd ab. »Hola!«, rief sie fröhlich und winkte Marie zu.

»Hola«, brummte Marie und sah aufs Meer. Zum Glück waren die Delfine gerade nicht zu sehen. Marie überlegte fieberhaft, wie sie die Tiere warnen könnte, damit ihr geheimer Ort unentdeckt blieb.

Immerhin hatte das Mädchen nicht wie sonst eine Schar anderer Kinder im Schlepptau. Trotzdem – dies hier war ihr Platz!

Der Hund saß schwanzwedelnd unterhalb der Felsen im Sand und sah hechelnd von Marie zu seinem Frauchen, ganz so, als ob er nicht wüsste, wohin er zuerst laufen sollte.

Marie begann, ihre Papiere zu ordnen und mit kleinen Steinen zu beschweren, damit der Wind sie nicht fortblies. Die Bilder von den Delfinen versteckte sie in ihrer Mappe. Da blitzte eine Erinnerung in ihr auf. An einem nassgrauen Novembertag hatte sie inmitten einer johlenden Gruppe von Mitschülerinnen gestanden, die einen Schwung Zeichnungen von ihr hoch in die Luft gehalten hatten. Marie war nicht drangekommen, so sehr sie sich auch bemüht hatte. Und als die Lehrerin erschienen war, hatten sie die Bilder einfach fallen gelassen und sie waren wie Herbstblätter zu Boden gesegelt und zerknittert, eingerissen und verdreckt in Pfützen gelandet.

Das barfüßige Mädchen war aufgestanden und kam auf sie zu. »Ich kenne dich. Du wohnst jetzt hier«, stellte sie in fast akzentfreiem Deutsch fest, was Marie nicht weiter wunderte.

Ihre Mutter hatte erzählt, dass viele Spanier wegen der zahlreichen deutschen Touristen so gut ihre Sprache beherrschten.

»Ich bin Carlotta Pilar.«

»Ich bin Marie«, sagte Marie abwartend und mit hochgezogenen Augenbrauen.

»Sind deine Blätter ins Wasser gefallen?«, fragte Carlotta Pilar und deutete mit schmutzigen Fingern auf die Papiere.

»Nein«, sagte Marie knapp, ohne den Blick zu heben.

»Warum sind sie dann nass?«, wollte Carlotta Pilar wissen.

Überrascht sah Marie auf. Merkte die Fremde denn nicht, dass sie allein sein wollte?

Carlotta Pilar wischte sich die Nase mit dem Hemdsärmel ab und Marie erschauderte.

»Ich gebe dir ein Taschentuch«, beharrte sie und fischte eines aus der Seitentasche ihres Rucksacks.

»Danke«, sagte Carlotta Pilar artig und steckte es ein.

Marie runzelte die Stirn, als das Mädchen die gewellten Blätter musterte. »Du zeichnest gut«, stellte sie fest. »Aber immer nur Geckos.«

»Es ist nur einer«, widersprach Marie.

Carlotta Pilar schüttelte den Kopf. »Es sind drei. Das erkennst du an den Mustern auf den Rücken. Außerdem hat der eine ganz breite Füße. Und diesem hier fehlt eine Zehe.« Sie lachte. »Wo hast du sie gemalt?«

»Bei uns zu Hause«, sagte Marie, ohne nachzudenken. Es war das erste Mal, dass sie von dem kleinen Haus in der Calle Montana als ihrem Zuhause sprach. »Wie heißt dein Hund?«, fragte sie und deutete auf den Mischling.

»Das ist Guapa, die Schöne. Ich habe sie aus einer Mülltonne gefischt, als sie klein war. Wirst du sie malen?«

Marie starrte Carlotta Pilar an. »Wie kam sie denn in eine Mülltonne?«

Carlotta Pilar zuckte mit den Achseln und streichelte ihre vierbeinige Freundin. »Es gibt viele Hunde hier auf der Insel. Jemand wollte sie nicht mehr. Aber jetzt hat sie ja mich.«

»Man darf doch ein Tier nicht einfach wegwerfen!« Marie war empört. Und hier sollte sie leben! Das musste sie ihren Eltern unbedingt erzählen.

»Wirst du sie malen?«, fragte Carlotta Pilar noch einmal und sah Marie ernst an.

Diese krauste die Stirn. Dann nickte sie.

Die kleine Hündin leckte ihr vorsichtig über das aufgeschürfte Knie. Marie zuckte kurz zusammen und überlegte, wie viele Keime und Bakterien wohl in dem Speichel dieses kleinen spanischen Mischlings waren. Aber dann konnte sie dem Hundeblick nicht widerstehen und berührte Guapa zögernd. »Ist sie eigentlich entwurmt und geimpft?«, fragte sie, während sie über das raue Fell strich. Gleich darauf hätte sie sich ohrfeigen können. Sie wollte ihre neue Freundin nicht verletzen. In Deutschland hätte sie niemals einen fremden Hund gestreichelt. Bisswunden entzündeten sich sehr leicht und dann bekam man eine Infektion und musste ins Krankenhaus. Aber jetzt kannte sie ja den Hund und seine Besitzerin. Guapa sah nicht so aus, als ob sie nach einem schnappen würde.

Carlotta Pilar lachte schallend. »Du bist ein bisschen verruckt, oder?«

Wenn sie »verrückt« sagte, klang es wie »verruckt«.

Marie musste grinsen.

Kapitel 4

Ein lautes Schnalzen und Zirpen vom Meer her kündigte das Erscheinen der Delfine in der kleinen Bucht an. Erschrocken überlegte Marie, was sie tun sollte.

Carlotta Pilar war nicht anzumerken, ob sie das Signal gehört hatte. »Ich zeige dir etwas. Pass bitte einen Moment auf Guapa auf!«, verkündete sie mit einem geheimnisvollen Grinsen. Sie streifte sich Shorts und T-Shirt ab und ließ die Kleidung achtlos neben sich auf die Steine fallen. Dann kletterte sie im Badeanzug flink wie ein Wiesel den Felsen hinauf, der Marie beim Zeichnen Schatten spendete.

Mit offenem Mund verfolgte Marie, wie Carlotta Pilar höher und immer höher stieg. Sie schluckte. Wenn ihre Freundin stürzte und sich wehtat, war keine Hilfe in der Nähe. Warum hatte sie nicht das spanische Wort für »gefährlich« gelernt? Marie winkte wild und bedeutete Carlotta Pilar, wieder herunterzukommen, aber ihre Freundin tastete sich weiter vor bis zu der Felsnase, die vorwitzig ins Wasser ragte.

»Und los!«, rief Carlotta Pilar plötzlich und stieß sich mit einem gellenden Schrei vom Felsen ab. Fünf Meter tief fiel sie wie ein Stein, schlug mit hartem Platschen im Wasser auf, ging unter und war verschwunden.

Marie sprang auf und ließ Guapas Halstuch los. Der kleine Hund raste kläffend ans Ufer. Marie brauchte etwas länger, bis sie sich auf dem heißen Sand dorthin vorgekämpft hatte. Hektisch suchte sie mit den Augen die Wasseroberfläche ab. Von Guapas Frauchen fehlte jede Spur.

Marie hielt die Luft an. »Bitte tauch wieder auf!«, flehte sie. So lange konnte doch niemand die Luft anhalten! Ob es hier vielleicht gefährliche Unterströmungen gab, die Carlotta Pilar ins offene Meer hinausgezogen hatten? Ganz sicher war das so! Warum hatten sie nicht in Deutschland bleiben können? »Na los, Guapa, such dein Frauchen«, beschwor sie den kleinen Mischling. »Hunde tun doch so was, oder nicht? Such!« Aber Guapa schaute sie nur kurz an, als sie ihren Namen hörte, und blickte dann erneut erwartungsvoll aufs Meer.

Verzweiflung stieg in Marie auf. So schnell sollte sie ihre einzige spanische Freundin also wieder verlieren! Was würde aus Guapa werden? Sie musste ihren Eltern schonend beibringen, dass sie zumindest kurzfristig den Hund behalten würde. In die Mülltonne zurück konnte das Tierchen ja wohl nicht. Jemand musste sich darum kümmern. Ob es auf der Insel Flohpulver und Wurmkuren zu kaufen gab?

Da tauchte Carlotta Pilar plötzlich schnaufend und prustend und unversehrt an einer ganz anderen Stelle im Wasser wieder auf. Guapa bellte aufgeregt und sprang an Marie hoch. Geistesabwesend nahm sie das Hündchen auf den Arm. Carlotta Pilar winkte fröhlich mit einer Hand, mit der anderen hielt sie sich an der Finne, der dreieckigen Rückenflosse eines Delfins, fest.

Marie war sprachlos. Sie traute ihren Augen kaum. Sie kannte den Delfin.

Er war der schüchternste und zurückhaltendste aus der Gruppe. Seine Finne war narbig, genau wie die rechte Seite seiner Brust.

Der Tümmler zog Carlotta Pilar in Richtung Ufer. Als sie im hüfthohen Wasser angelandet waren, ließ das spanische Mädchen die Finne des Delfins los und wurde von einer Welle an Land gespült. Ihre Augen strahlten. »Na? Was sagst du? Ist er nicht schön, ich habe ihn Pequeño, den Kleinen, getauft.«

»Du bist verrückt«, sagte Marie und schüttelte den Kopf.

Die Bucht wurde zu ihrem Geheimtreffpunkt. Marie entkam hier den Touristenschwärmen und dem Baulärm in der *Casa Alemana*, so hatten ihre Eltern das Haus genannt, während Carlotta Pilar mit den Delfinen schwamm.

Marie hatte Guapa wie versprochen gezeichnet und das Bild Carlotta Pilar geschenkt. Voller Ehrfurcht hatte ihre Freundin es entgegengenommen und Marie später erzählt, dass sie es über ihrem Bett aufgehängt hatte.

Im Gegenzug brachte Carlotta Pilar Marie immer mehr spanische Ausdrücke und Sätze bei. Das behielt Marie aber für sich.

Sollten ihre Eltern doch ruhig glauben, dass sie immer noch kein Wort von dem verstand, was sie beim Einkaufen oder mit den Handwerkern besprachen.

»Komm doch auch mal rein. Das Wasser ist herrlich!«, rief Carlotta Pilar eines Nachmittags und strich sich eine nasse Haarsträhne aus dem braun gebrannten Gesicht. Marie schüttelte energisch den Kopf. »Willst du Pequeño nicht mal anfassen?«

Marie schüttelte erneut den Kopf. »Streichle du ihn für mich«, bat sie. »Dich kennt er.« Insgeheim fand sie die langen, spitzen Zähne des Delfins ein bisschen unheimlich.

»Pah!« Carlotta Pilar schnaubte und schwamm mit Pequeño eine weitere Runde. Die anderen Mitglieder der Delfingruppe waren immer in ihrer Nähe.

Marie hatte inzwischen einiges über Tümmler gelesen. Eine Gruppe Delfine nannte man Schule. Wieso das so war, stand leider nicht in dem Buch. Dabei sahen die putzigen Tierchen eher wie eine Spielgemeinschaft als wie eine Lerngemeinschaft aus. Neben den Großen Tümmlern gab es auch noch ein paar Blau-Weiße, die ebenfalls regelmäßig in die kleine Bucht kamen. Das waren die sogenannten Gemeinen Delfine.

Pequeño tauchte unter und riss Carlotta Pilar mit. Marie hielt unwillkürlich den Atem an und starrte nervös auf die Stelle, wo ihre Freundin verschwunden war.

Eine leichte Brise wehte über das Meer und kräuselte das Wasser.

Nervös legte Marie ihre Malsachen beiseite und ging näher ans Wasser heran. Als eine Welle ihre Fußspitzen umspülte, sank sie einen halben Zentimeter in den Sand ein.

Gepresst atmete sie aus und machte schnell einen Schritt zurück.

Doch da war die nächste Welle schon herangerollt und spritzte sie bis zu den Knien nass. Sie kreischte auf und machte einen Satz rückwärts und wäre um ein Haar in den Sand gefallen.

In diesem Moment tauchte Carlotta Pilar prustend und schnaufend wieder auf und schnappte nach Luft. »Ich hab alles im Griff«, behauptete sie lachend. »Hab doch nicht ständig Angst vor allem Möglichen!« Sie winkte übermütig und wäre fast erneut untergegangen, weil Pequeño sie von hinten anstupste.

»Du bringst dich noch um«, sagte Marie mit zittriger Stimme. »Du bist kein Fisch.«

Carlotta Pilar legte den Arm um den Delfin und ließ sich von ihm in Richtung Strand ziehen. »Pequeño auch nicht«, gluckste sie.

»Komm jetzt raus. Du hast schon blaue Lippen«, sagte Marie und hielt ihrer Freundin ein frisch gewaschenes Handtuch hin, das sie extra für sie mitgebracht hatte.

»Und du bist ganz blass«, konterte Carlotta Pilar und rief: »Vielleicht solltest du dich nicht dauernd mit so viel Sonnencreme einschmieren.« Sie löste sich von dem Tümmler und schwamm das letzte Stück zum Ufer.

Pequeño drehte ab und verabschiedete sich knatternd und schnalzend, um gleich darauf mit den anderen um die Wette zu schwimmen.

Carlotta Pilar grinste sie an. »Eigentlich brauche ich kein Handtuch. Ich trockne mich in der Sonne. Das weißt du doch. Das mache ich immer.«

»Man bekommt eine Blasenentzündung, wenn man in nassen Klamotten herumläuft«, widersprach Marie. Es war ihr ein Rätsel, wieso Carlotta Pilar nicht ständig im Krankenhaus lag.

»Hatte ich noch nie«, behauptete ihre Freundin. Sie schüttelte sich, dass die Tropfen von ihren kringeligen schwarzen Haaren nur so wegflogen.

Guapa bellte fröhlich, während Marie sich Salzwasserspritzer von den Armen wischte.

»Ich wünschte, die Fischer würden begreifen, dass unsere Freunde hier keine Fische sind«, sagte Carlotta Pilar plötzlich. Ihre Miene hatte sich verdunkelt, und sie starrte gedankenverloren aufs Meer, wo Pequeño mit seinen Kameraden spielte.

»Wie meinst du das?«, wollte Marie wissen.

»Sie töten die Delfine«, sagte Carlotta Pilar bitter. »Viele von ihnen bleiben auf der Jagd in den

Schleppnetzen hängen und ertrinken. Und manche werden von den Fischern erschlagen, weil sie angeblich die Netze plündern und ihnen die Beute wegfressen. Dabei ist es doch eher umgekehrt, oder? Wir essen den Delfinen alles weg.«

»Das ... das ist wirklich schlimm, das wusste ich nicht«, stammelte Marie. »Und was kann man dagegen tun?«

Carlotta Pilar schloss kurz die Augen, als wollte sie den traurigen Gedanken loswerden. Dann grinste sie breit. »Ich esse keinen Fisch mehr. Du solltest mal sehen, wie sehr meine Eltern das auf die Palme bringt. Sie werden ganz verruckt dadurch!« Sie rückte verschwörerisch näher an Marie heran. »Und ich zerschneide ihre Netze.«

Marie erschrak. »Aber das geht doch nicht. Wenn man dich dabei erwischt ... und ... und es ist verboten.«

»Wieso hast du eigentlich vor allem Angst?«, wollte Carlotta Pilar plötzlich wissen.

Marie zuckte zusammen. »Habe ich gar nicht«, sagte sie und fragte sich, wie ihre Freundin nur auf diese komische Idee kommen konnte.

Carlotta Pilar rubbelte sich gehorsam den Bauch und den Rücken ab, streifte den Badeanzug ab, legte ihn zum Trocknen auf die Steine und schlüpfte in ihr viel zu großes Karohemd.

»Ohne was drunter?«, fragte Marie erstaunt.

»Du weißt nicht, was du willst«, antwortete Carlotta Pilar und zog sich grinsend wieder aus. »Du bist wirklich verruckt«, feixte sie und warf ihr Hemd nach der Freundin.

Quietschend flüchtete Marie und verteidigte sich mit Spritzern aus ihrer Wasserflasche. »Nein, du!«

»Nein, du!« Splitterfasernackt rannte Carlotta Pilar Marie nach. Guapa hüpfte kläffend um die beiden herum.

Schließlich sanken sie erschöpft in den Sand.

»Schau mal, die schönen Wolken!« Carlotta Pilar zeigte nach oben.

»Die da sieht aus wie die Fähre aufs Festland.«

»Und diese wie ein Drache, der eine Prinzessin bedroht.« Seufzend ließ sich Carlotta Pilar nach hinten fallen. Ihre nassen Haare wurden mit Sand paniert. Guapa schleckte ihr hingebungsvoll über Ohren, Nase und Wangen.

»Ieeh, das kitzelt«, kreischte Carlotta Pilar und rollte sich kichernd über den Boden.

Marie musste mitlachen, aber als Guapa auch ihr einen Kuss geben wollte, wischte sie verstohlen die feuchte Hand an ihrem Rock ab.

Die Geste entging Carlotta Pilars Blick nicht. Sie richtete sich auf, drückte Guapa demonstrativ einen Schmatzer auf die Schnute und sagte: »Meine Oma meint: Krank wird man, wenn man an Krankheit denkt. Gesund bleibt man, wenn man Spaß hat.«

»Dann musst du sehr gesund sein«, erwiderte Marie ernst.

»Klar!«, sagte Carlotta Pilar leichthin und sprang auf. »Und ich will, dass wir eine Menge Spaß haben zusammen, damit du deine Sorgen vergisst und auch gesund bist.«

»Ich bin bestimmt gesünder als du!«, widersprach Marie ihrer Freundin.

Wie kam Carlotta Pilar denn schon wieder auf die Idee, dass sie Sorgen hatte? Gerade als sie ihre Freundin das fragen wollte, sprang diese auf, ergriff Maries Hand und zog sie hinter sich her den Strand hinunter.

»Nein!«, kreischte Marie panisch, als sie ahnte, was Carlotta Pilar vorhatte. »Lass mich los! Ich muss nach Hause. Es ist spät!«

Carlotta Pilar hielt Marie jedoch eisern fest. Und erst als sie fast das Wasser erreicht hatten, änderte sie die Richtung und lief am Ufer weiter.

Marie hörte auf zu schreien und schnappte japsend nach Luft. Sie wähnte sich schon in Sicherheit, als eine große Welle heranrollte und sie mit einem Mal bis zu den Knien im Wasser standen, das bis zu ihren Oberschenkeln spritzte.

Carlotta Pilar strahlte sie von der Seite an und juchzte.

Marie wusste jedoch nicht, ob sie lachen oder weinen sollte.

In diesem Augenblick begann es zu regnen und sie wurden auch noch von oben nass.

Da fühlte sich Marie plötzlich ganz kraftlos. Hysterisch fing sie an zu schluchzen, während Carlotta Pilar mit ausgebreiteten Armen weiterstürmte, die Zunge herausgestreckt, um den Regen aufzufangen. Marie blieb stehen. Ihre Knie zitterten und ihr Herz klopfte wie wild.

Carlotta Pilar verlangsamte ihr Tempo und kehrte zu Marie zurück. Tropfnass und stumm sahen die beiden sich an. Carlotta Pilars Brustkorb hob und senkte sich und jedes Mal, wenn sie nach Atem schnappte, konnte Marie ihre Rippen hervorstechen sehen. »War das nicht toll?«, brach sie schließlich das Schweigen und schüttelte sich.

Marie presste die Lippen aufeinander, drehte sich um und stapfte wortlos zu den Felsen zurück, um ihre Sachen einzupacken. Sie schüttelte unwirsch den Kopf. Sie hätte hinfallen können oder sich die nackten Füße an einer Glasscherbe oder einer spitzen Muschel aufreißen können. Sie hatte sich auf jeden Fall eine Riesenerkältung eingefangen und ihre Zeichnungen waren auch hin.

Ohne sich noch einmal umzudrehen, machte sie sich auf den Heimweg.

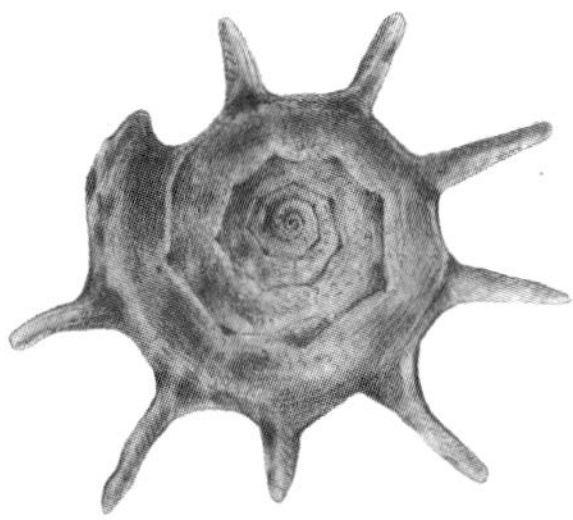

Kapitel 5

Marie wurde nicht krank. Sie duschte sich heiß ab und erschien anschließend im Rollkragenpullover zum Abendessen. Ihre Eltern hatten sich abgewöhnt, Fragen zu stellen, aber sie warfen einander vielsagende Blicke zu.

»Hattest du einen schönen Tag, Liebes?«, erkundigte sich Isabelle Rehschmidt besorgt, als Marie stumm ihr Brot mit Butter und frischen Tomatenringen belegte.

»Hmm«, machte Marie und biss herzhaft ab. So ein Tag am Meer und so viel Ärger machten erstaunlich hungrig.

Später auf ihrem Zimmer begann sie eine neue Liste in ihrem Tagebuch anzulegen.

Eine Spalte hieß *Dafür* und die andere *Dagegen*. Und die Überschrift lautete: Nie mehr in die Bucht gehen, ja oder nein?

Unter *Dagegen* stand:

Delfine beobachten können
Ungestört sein
In Ruhe zeichnen können.

Unter der Rubrik *Dafür* war nur ein einziges Wort aufgelistet:

Lebensgefahr

Dann stockte Marie, denn sie wusste nicht, in welche Spalte sie Carlotta Pilar eintragen sollte. In die linke? In die rechte? In beide?

Sie beschloss, eine Nacht darüber zu schlafen, und strich auf der ersten Liste einen weiteren Inseltag als überlebt ab, wenn auch nur knapp.

Da klopfte es an ihrer Tür.

Marie verstaute ihr Tagebuch schnell unter dem Kopfkissen, schlüpfte unter die Decke und brummte: »Herein!«

Isabelle Rehschmidt öffnete die Tür und setzte sich neben Marie auf die Matratze. Die Vorhänge des Himmelbetts bewegten sich sanft.

»Da war ein Mädchen an der Tür. Eine Carlotta. Sie sagte, es tut ihr leid. Ich soll dir das hier geben.« Sie hielt ihrer Tochter eine Art gezackte Muschel hin. Marie betrachtete den zerbrechlich aussehenden Gegenstand neugierig. »Willst du sie nicht nehmen?«

»Ist sie noch da?«, fragte Marie und nahm die Schale vorsichtig in die Hand. Sie begutachtete sie von allen Seiten und gab sie dann ihrer Mutter zurück.

»Sie wollte nicht reinkommen«, antwortete Isabelle Rehschmidt und strich Marie eine Haarsträhne aus dem Gesicht. »War das deine Freundin? Habt ihr euch gestritten?«

Marie schwieg und gab nur ein Grunzen von sich.

»Schön, dass du jemanden gefunden hast … Sie wirkte nett«, fuhr ihre Mutter unbeirrt fort. »Das ist eine Meeresschnecke. Das Mädchen sagte, sie hat sie selbst vom Meeresgrund heraufgeholt.« Isabelle Rehschmidt schmunzelte.

Marie konnte das an ihrer Stimme hören. Sie hatte die Augen geschlossen, sich auf den Bauch gedreht und hielt ihr Kissen umklammert.

»Ich glaube, sie übertreibt ein bisschen, oder?«, fragte ihre Mutter.

Marie lächelte schief und brummte: »Ja, das tut sie.« Auch wenn sie das etwas anders meinte als ihre Mutter. Marie traute Carlotta Pilar ohne Weiteres zu, bis zum Meeresgrund zu tauchen. Das war es ja.

Isabelle Rehschmidt seufzte und stellte die Schnecke behutsam auf den Nachttisch.

»Ich glaube, das ist ein mutiges Mädchen. Es ist nicht leicht, nach einem Streit den ersten Schritt zu tun«, meinte sie abschließend, gab ihrer Tochter einen Gutenachtkuss und stand auf.

»Ja, mutig ist sie«, grunzte Marie und wühlte sich in ihr Kissen. »Schlaf gut, Mama. Und … danke.«

Am nächsten Tag beschloss Marie, auf dem Grundstück der *Casa Alemana* zu bleiben. Es hatte die ganze Nacht über geregnet. Aber bis auf ein paar Pfützen im Schatten war schon wieder alles trocken. Draußen am Haus waren immer noch die Handwerker beschäftigt. Sie hatten ein uraltes Radio so laut aufgedreht, dass die spanischen Lieder nur so daraus hervorschepperten.

Marie setzte sich ins Gras und sah den rasch vorbeiziehenden Wolken zu. Aber das erinnerte sie an Carlotta Pilar.

Sie ging hinunter an den Pool und ließ die Beine im Wasser baumeln. Aber wieder musste sie an Carlotta Pilar denken. Also machte sie einen Streifzug durch den duftenden Garten und lief prompt ihrer Mutter in die Arme.

»Marie, Liebling. Bist du so gut und hilfst mir ein wenig bei den Kräutern?«

Ihre Mutter hatte in einer Ecke des Gartens ein Kräuterbeet angelegt.

Marie hatte keine große Lust, Unkraut zu zupfen, zumal die Bodenfeuchtigkeit zahlreiche Schnecken und andere Krabbeltiere an die Oberfläche gelockt hatte. Aber immerhin würde sie diese Tätigkeit nicht an Carlotta Pilar erinnern.

Sie streifte sich Gartenhandschuhe über, die neben den kleinen Rechen und Harken in einem geflochtenen Körbchen lagen, und fing an, die Erde nach Unkraut abzusuchen.

Nachdenklich zwirbelte sie ein paar Kräuter zwischen den Fingern. Was wohl Guapa gerade machte? Sie sah das kleine Hundemädchen vor sich und nach einem Leckerli betteln.

Marie seufzte und zupfte ein paar vertrocknete Blätter von den Paprikabüschen, die bereits erste Schoten trugen. Ihre Mutter geizte die Tomaten aus, das hieß, sie kniff kleine Seitentriebe ab, damit die Haupttriebe mehr Früchte tragen würden. Das und noch viel mehr erklärte Isabelle Rehschmidt, doch Marie hörte gar nicht zu.

Sie dachte an Pequeño, den kleinen Delfin. Sie hatte Carlotta Pilar noch nicht gefragt, woher die Narben an seiner Finne stammten, falls sie die Frage überhaupt beantworten konnte. Allerdings schien Carlotta Pilar alles über die Meeressäuger zu wissen. Es war ein Wunder, dass sie nicht selbst Schwimmhäute an den Fingern und zwischen den Zehen hatte. Obwohl, vielleicht hatte sie das ja, und man sah es an Land nur nicht vor lauter Dreck?

»Marie?«

Wo Carlotta Pilar wohl wohnte? Marie fiel auf, dass sie nicht viel über ihre neue Freundin wusste. Noch nicht einmal, warum sie am ersten Tag ihrer Begegnung geweint hatte. Wo sie doch sonst so fröhlich war.

»Marie?«

Hatte Carlotta Pilar wohl Geschwister …

»Marie?!«

Marie betrachtete einen kleinen Käfer, der drohte in einem Wassertropfen zu ertrinken, aus dem er sich nicht selbst befreien konnte. Sie hielt ihm einen Zweig hin, sodass er auf ihren Handschuh krabbeln konnte. Sie betrachtete ihn neugierig. Wenn sie Carlotta Pilar davon erzählen würde … »Huh!« Marie zuckte erschrocken zusammen, als ihre Mutter sie am Arm berührte.

»Es gibt Mittagessen, komm bitte mit ins Haus.«

»Schon so spät?« Marie sah verwundert auf ihre Armbanduhr. »Na gut.« Sie leerte ihr Eimerchen mit den abgestorbenen Blüten, Blättern und dem Unkraut in den Kompost und streifte die Gartenhandschuhe ab.

Die Handwerker waren lange verschwunden. Nur hatten sie das Radio nicht ausgestellt. Es dröhnte und schepperte weiter vor sich hin, bis Marie es mit einem Fußtritt zum Schweigen brachte. Der blecherne Kasten verstummte schnarrend.

»Marie!«, rief ihre Mutter. Verwunderung lag in ihrer Stimme. Was war denn heute nur mit ihrer Tochter los?

»Die Wahrscheinlichkeit, sich bei einem solchen Tritt ein Bein zu brechen oder einen Stromschlag zu bekommen, ist verschwindend gering gegenüber der potenziellen Gehörschädigung durch diesen Lärm«, erklärte Marie.

»Ach.« Isabelle Rehschmidt hatte erstaunt die Stirn gerunzelt.

Und Marie schwieg.

Gleich nach dem Essen eilte sie in ihr Zimmer, um ihren Rucksack zu packen.

Dann hielt sie inne. Eigentlich wollte sie nicht zur Bucht gehen. Sie wollte Carlotta Pilar nach dem gestrigen Erlebnis am Strand erst mal nicht sehen. Aber andererseits …

Rasch legte sie Mullbinden, sterile Wundauflagen, die Pinzette, Desinfektionsmittel und feuchte Reinigungstücher zurück in den Rucksack. Diese Sachen hatte sie am Morgen in ihrem Wandschrank verstaut. Da war sie noch davon ausgegangen, dass sie das Erste-Hilfe-Set erst mal nicht mehr brauchte.

Beim Hinausgehen blieb ihr Blick an der Meeresschnecke auf dem Nachttisch hängen. Marie zögerte. Dann wickelte sie die zerbrechliche Schale schnell in ein Taschentuch und steckte sie ein.

Kapitel 6

Der Weg zur Bucht kam Marie an diesem Tag ganz besonders trostlos vor. Der Himmel war bleigrau, es sah nach Regen aus.

Gerade als sie über die kleine Mauer klettern wollte, kam ihr ein spanisches Pärchen entgegen. Obwohl die beiden kaum Notiz von ihr nahmen, wartete Marie, bis sie außer Sichtweite waren.

Dann stemmte sie ihren Rucksack auf die Mauer, bevor sie sich daran hochzog. Ihre Finger wurden ganz dreckig. Marie kam sich vor wie eine Forscherin bei einer Expedition. Zum Glück hatte sie ihre Feuchttücher und das Desinfektionsmittel dabei. Bei

Forschern war das nicht immer der Fall und dann starben sie einsam und verlassen an irgendeiner entzündeten Wunde. Traurig war das und so unnötig, dachte Marie.

Als sie die kleine Bucht erreichte, ließ sie ihren Blick über den Strand schweifen. Enttäuscht hockte sie sich auf einen Felsbrocken. Von Carlotta Pilar fehlte jede Spur.

Das Meer war aufgewühlt. Selbst Carlotta Pilar würde an einem solchen Tag nicht baden, da war sich Marie sicher. Dennoch suchte sie mit der Hand über den Augen die Wasseroberfläche ab.

Nichts.

Einen Moment lang überlegte sie, ob sie wieder gehen sollte. Da sah sie weit draußen drei Delfine. Sie wirkten ebenso unentschlossen wie sie. Marie winkte ihnen zu und kam sich gleich darauf fürchterlich albern vor. Als ob die Delfine darauf reagieren würden.

Doch einer von ihnen löste sich aus der Gruppe, tauchte unter und schoss näher. Als er dicht am Ufer aus dem Wasser sprang und einen glitzernden Bogen beschrieb, stellte Marie ihren Rucksack ab und ging zum Strand hinunter. Sie wollte wissen, ob es Pequeño war. Aus der Entfernung konnte sie das nicht sehen. Es fiel ihr ohnehin schwer, die Delfine auseinanderzuhalten. Immerhin gelang ihr das inzwischen bei den Geckos zu Hause. Es waren vier, nicht drei, wie Carlotta Pilar geglaubt hatte. Aber sie war ja auch noch nie bei ihnen gewesen und hatte nur Maries Bleistiftzeichnungen gesehen.

Den Delfin, der seine Schnauze aus dem Wasser streckte, erkannte Marie sofort. Es war Carlotta Pilars Freund. Er öffnete sein mit spitzen Zahnreihen bewehrtes Maul und gab klickende Knacklaute von sich. Erst klang es, als würde er schimpfen, dann kamen Marie die Geräusche traurig vor. Ob er Carlotta Pilar vermisste? Sie hätte ihn gern getröstet, aber wie?

Sie krempelte sich die dreiviertellange Hose auf und machte einen Schritt aufs Meer zu. Die Wellen waren hoch. Sie erschienen ihr wie eine unüberwindliche Mauer. Hart schlug die Brandung ans Ufer. Unwillkürlich wich Marie zurück.

Der Tümmler tanzte auf dem Wellenkamm, und Marie hatte das Gefühl, von ihm beobachtet zu werden. Dann drehte Pequeño ab, sprang noch einmal in hohem Bogen aus dem Wasser, sodass Marie ihn in ganzer Pracht sehen konnte, und tauchte ab zu seinen Freunden, die bereits in den Fluten verschwunden waren.

Marie zog sich die Kapuze ihres langärmeligen Shirts ins Gesicht. Der Wind hatte aufgefrischt und ein Blick in den schwarzgrauen Himmel sagte ihr, dass sie sich besser beeilen sollte, nach Hause zu kommen. Der nächste Regenguss ließ sicher nicht lange auf sich warten.

Es regnete und stürmte die nächsten drei Tage. Marie wagte sich in dieser Zeit nicht vor die Tür. Sie verbrachte Stunden zusammen mit ihrer Mutter bei Himbeertee und Kerzenlicht und vielen Partien Dame im Esszimmer.

»Der Sommer macht eine kurze Erholungspause«, sagte Isabelle Rehschmidt lächelnd. »Morgen soll es wieder schöner werden.«

»Schlagen Blitze eigentlich auch in Häuser ein?«, fragte Marie fröstelnd. Sie sah sich schon zusammen mit ihren Eltern als verkohlte Würstchen um den noch rauchenden, geschwärzten Esszimmertisch liegen.

»Wir haben einen sehr guten Blitzableiter, keine Bange«, sagte ihre Mutter und schenkte ihnen beiden Tee nach.

Maries Gedanken schweiften zu den Delfinen. Wenn es gewitterte, sollte man unbedingt aus dem Schwimmbad raus, damit man nicht vom Blitz getroffen wurde. Dasselbe galt sicher auch fürs Baden im Meer, schlussfolgerte Marie. Aber die Delfine konnten ja schlecht an Land gehen! Was würde aus Pequeño und seinen Freunden werden? »Mama, was passiert mit den Fischen bei Gewitter? Und mit den Walen und Delfinen?«, fragte sie.

»Dame!«, verkündete Isabelle Rehschmidt und setzte einer ihrer Spielfiguren eine Krone auf. »Die tauchen unter und schwimmen dem Unwetter davon«, sagte sie, als wäre es das Normalste auf der Welt.

Marie seufzte. Vielleicht war es das ja auch und sie machte sich wirklich zu viele Sorgen. »Wo bleibt eigentlich Papa?« Ihr Vater war vor einigen Stunden fluchend im Keller verschwunden. Er hatte vergessen, dort die Fenster zu schließen, und es hatte ordentlich hereingeregnet.

In diesem Moment ging der Strom aus und die Stereoanlage verstummte. Sie hörten Jan Rehschmidt schimpfend die Kellertreppe heraufpoltern. Dann vernahmen sie ein dumpfes Geräusch, gefolgt von einem Schmerzensschrei.

»Das war der Treppenabsatz«, murmelte Isabelle Rehschmidt.

»Dieser blöde Treppenabsatz«, schimpfte Maries Vater, als er das Esszimmer betrat. »Wir haben keinen Strom mehr.«

»Wissen wir!«, sagten Marie und ihre Mutter wie aus einem Mund.

Isabelle Rehschmidt stand auf und holte ihrem Mann etwas zum Kühlen aus dem Gefrierschrank. »Hier, mein Schatz. Und wie wäre es mit einer heißen Tasse Tee?«

Dankbar presste Jan Rehschmidt das kalte Pad an seine Stirn, setzte sich zu den beiden und schenkte sich Tee ein. »Sonst alles in Ordnung bei euch?«, fragte er und sah auf das Spielbrett.

»Klar«, erwiderte Marie. »Ich gewinne.«

Mit dem Gewitter zog auch die Schlechtwetterfront ab. Der Himmel klarte auf und als die Sonne durchkam, trocknete der Regen dampfend auf den Straßen. Bis der Strom wieder da war, würde es allerdings noch Stunden dauern. Maries Eltern beschlossen daher, den Holzkohlegrill anzuwerfen. Isabelle Rehschmidt putzte Salat und Kräuter und Marie ging mit ihrem Vater ins Dorf hinunter, um frischen Fisch zu kaufen.

Maries Herz schlug höher, als sie von Weitem Hundegebell hörte. Ob das Guapa war? Fast hätte sie sich von der Hand ihres Vaters losgerissen und wäre vorausgeeilt, aber dann hielt sie inne.

Schließlich war sie offiziell immer noch böse auf Carlotta Pilar.

Auf dem kleinen Marktplatz bolzte eine Schar Kinder mit einem alten Lederball zwischen den parkenden Autos herum. Maries Blick wanderte zwischen den Jungen und Mädchen hin und her. Carlotta Pilar war nicht dabei. Und auch von ihrem vierbeinigen Freund fehlte jede Spur. Sie hatte das Gekläffe eines kleinen Pudels gehört, der vor einem Supermarkt angebunden war.

Wo war Carlotta Pilar bloß? Womöglich war sie bei jenem furchtbaren Unwetter in der Bucht gewesen, um mit Pequeño zu schwimmen, und war weit ins Meer hinausgetrieben worden und ertrunken? Oder beim Sprung von den Klippen auf den Felsen zerschellt?

Vielleicht war sie aber auch von einem wütenden Fischer erwischt worden, dessen Netz sie zerschnitten hatte? Aber eventuell hütete sie auch nur mit einer richtig saftigen Erkältung das Bett!

Sie hatten das kleine Fischgeschäft erreicht. Aus der Auslage im Schaufenster glotzten ihnen tote Fischaugen entgegen. Daneben lagen Doradenfilets auf einem geeisten Tablett und eine kleine Kiste voller grauer Garnelen. Ihre rote Farbe bekamen sie erst beim Kochen.

Marie schluckte, als ihr der Geruch des frischen Fischs in die Nase stieg.

»Willst du lieber draußen warten?«, fragte Jan Rehschmidt.

Marie schüttelte den Kopf und betrat tapfer hinter ihrem Vater den Laden. Aufgeregtes Winseln und Jaulen begrüßten sie. Marie traute ihren Augen kaum. Hinter der Theke, in einem kleinen Körbchen, lag angebunden Guapa!

Marie quetschte sich an ein paar Hosenbeinen vorbei, ging in die Knie und schloss den kleinen Hund, der ihr zur Begrüßung durchs Gesicht schleckte, in die Arme. »Guapa! Was machst du denn hier?« Aufgeregt sah sie sich um, aber Carlotta Pilar konnte sie nirgends entdecken.

Kapitel 7

Mit einem Mal ging ein Ruck durch den kleinen Hundekörper. Guapa machte sich steif unter Maries Händen und winselte leise. Der Mischling klemmte die Rute zwischen die mageren Hinterbeine und begann zu zittern.

Ein großer Schatten fiel über Marie. Als sie aufsah, schaute sie direkt in das Gesicht einer ziemlich dicken alten Spanierin.

»Que pasa?!«, wollte die Fischverkäuferin wissen. Sie streckte ihre fleischigen Finger nach dem kleinen Hundemädchen aus und Marie verbarg es instinktiv unter ihren Armen.

Guapa trug eine dünne Schnur um den Hals und die Haut darunter war aufgescheuert. Außerdem stachen ihre Rippen deutlich hervor. Das hätte Carlotta Pilar niemals zugelassen! Es musste etwas sehr Schlimmes passiert sein. »Sie hat Angst vor Ihnen«, sagte Marie und war froh, dass ihre Stimme halbwegs fest klang.

»Mein«, sagte die Frau in gebrochenem Deutsch und lächelte freundlich. »Bitte gib!«

»Nein«, sagte Marie tapfer. Das Hundeherz klopfte heftig gegen ihre Brust, und sie wusste nicht, welches lauter schlug, das von Guapa oder ihr eigenes. »Das ist nicht ihrer. Der gehört Carlotta Pilar!«

Da hatte sich endlich Maries Vater durch die Schlange der Wartenden gekämpft. »Was ist denn los?«

»Papa. Das ist nicht ihr Hund. Der gehört meiner Freundin. Er hat Angst vor der Fischverkäuferin. Vielleicht hat sie ihn gestohlen? Da ist bestimmt was Schreckliches geschehen!«, sprudelte es aus Marie heraus.

Jan Rehschmidt legte beschwichtigend eine Hand auf die Schulter seiner Tochter und sprach die Frau auf Spanisch an. Hinter ihm bildete sich eine lange Schlange von Kunden, die alle neugierig zuhörten.

Marie verstand nur Bruchstücke der Unterhaltung. Aber es fielen immer wieder die Namen Guapa, Carlotta Pilar und ihr eigener.

Marie untersuchte die dünne Schnur, die man Guapa um den Hals gelegt hatte. Dann lockerte sie den Strick etwas und nahm das kleine Hundemädchen vorsichtig auf den Schoß. »Jetzt bist du in Sicherheit, alles wird wieder gut«, flüsterte sie und kraulte Guapa sanft hinter den Ohren.

»Ist Carlotta Pilar deine Freundin?«, wollte ihr Vater zwischendurch wissen.

»Ja, sie ist meine beste Freundin«, sagte Marie, ohne zu zögern.

Jetzt galt es, Leben zu retten. Mindestens das von der kleinen Guapa. Und wer weiß, wo sie sein Frauchen gefangen hielten. Vielleicht hatten die Delfinfänger etwas damit zu tun. Hatte Carlotta Pilar nicht auch gesagt, dass die Fischer alle unter einer Decke steckten?

»Ahhh! Comprendo!«, kreischte die dicke Frau plötzlich und lachte. »Isch bin Carlotta Pilars Mama«, stellte sie sich vor und streckte Marie die Hand hin.

Marie hätte sich beinahe verschluckt. Was? Wie jetzt?

Ungläubig schüttelte sie den Kopf. Das konnte nicht sein. Carlotta Pilar aß keinen Fisch und zerschnitt Netze …

Doch die Fischverkäuferin nickte. Sie richtete sich ächzend auf und redete schnell auf Maries Vater ein.

»Wo ist Carlotta Pilar? Ich will sie sehen. Woher sollen wir wissen, dass sie die Wahrheit sagt?«, unterbrach Marie den Redefluss der beiden. Sie war selber überrascht, wie mutig sie sich fühlte. Das zitternde Bündel auf ihrem Schoß gab ihr Kraft. »Papa! Da stimmt was nicht! Carlotta Pilar würde nie zulassen, dass es Guapa so schlecht geht. Sieh doch mal, wie dünn sie ist!«

»Alles in Ordnung, Schatz, glaub mir«, beschwichtigte Jan Rehschmidt seine Tochter und hörte wieder der Fischverkäuferin zu, deren Tonfall sanfter geworden war.

Ein Raunen ging durch die Menge.

»Was?«, wollte Marie sofort wissen.

»Ein Missverständnis«, sagte ihr Vater schnell. »Ich erkläre es dir später.«

Die Fischverkäuferin redete weiter auf ihn ein und sah von Marie zu dem Hund und wieder zu Herrn Rehschmidt.

Der nickte schließlich zögernd und sah Marie gequält an. »Sie meint, wenn du magst, kannst du Guapa gern mitnehmen, so lange, bis Carlotta Pilar wieder gesund ist. Sie hätte bestimmt nichts dagegen, glaubt sie ... aber das kann ich ihr sicher ausreden.« Er wandte sich wieder der Fischverkäuferin zu, doch Marie zog ihn am Ärmel.

»Nein, Papa. Bitte! Das wäre toll. Wir nehmen sie mit, jetzt sofort, ja?! Was ist los mit Carlotta Pilar? Kann ich sie sehen? Was hat sie? Was ist passiert?«

Plötzlich surrte es und das Licht im Laden ging an. Alle applaudierten.

Der Strom war wieder da.

Am Ende verließen sie das Geschäft mit drei geschenkten Fischen und Guapa. Carlotta Pilars Mutter strich Marie zum Abschied lächelnd über den Kopf und winkte ihnen nach.

»Ich werde keinen Bissen davon essen, Papa. Dafür sterben Delfine«, verkündete Marie finster.

Jan Rehschmidt wirkte abwesend. »Seit wann streichelst du eigentlich fremde Hunde?«, wollte er wissen.

»Guapa ist nicht fremd, sie gehört meiner Freundin.«

»Der anscheinend recht wilden Tochter des Fischhändlers«, sagte er und schüttelte den Kopf auf dieselbe Art wie Marie, wenn sie etwas nicht ganz verstanden hatte. »Und das ist deine Freundin?« Er schaute seine Tochter durchdringend an.

»Was guckst du so, Papa? Was ist mit Carlotta Pilar? Warum sieht Guapa so schlimm aus, wieso misshandelt ihre Mutter den Hund? Warum kann ich nicht zu ihr?«, fragte Marie ungehalten.

Jan Rehschmidt machte eine abwehrende Handbewegung. »Es ist nicht so, wie du denkst. Carlotta Pilar hat sich beim Spielen den Arm gebrochen. Sie ist jetzt bei ihren Großeltern im Inneren der Insel, da sich ihre Eltern nicht den ganzen Tag um sie kümmern können. Und seit Carlotta Pilar weg ist, frisst Guapa nichts.«

»Sie vermisst sie eben«, sagte Marie leise. »Ich kann das verstehen. Wann ist sie wieder da?«

»In ein paar Tagen«, versprach Jan Rehschmidt ihr. »Bist du sicher, dass dieses Mädchen der richtige Umgang für dich ist?«

Marie drückte den kleinen Mischling fest an sich. »Natürlich«, sagte sie feierlich.

Marie kaufte von ihrem Taschengeld im *Supermercado*, dem kleinen Lebensmittelgeschäft auf der Insel, das allerbeste Hundefutter. Sie schmierte Zinksalbe auf den wunden Nacken und päppelte Guapa liebevoll wieder auf. Die kleine Hundedame machte nicht ein einziges Mal den Versuch, davonzulaufen. Wieso auch? Sie schlief sogar in Maries Bett. Allerdings erst, nachdem sie ausgiebig gebadet worden war. Und natürlich heimlich. Offiziell war ihr Platz in dem Körbchen am Fußende des Himmelbetts.

Marie lief jeden Tag mit Guapa zu der einsamen Bucht. Der Wind hatte sich gelegt und das schöne Wetter war zurückgekommen. Spiegelglatt breitete sich das Meer vor ihr aus, die Sonne brannte heiß vom Himmel. Marie saß mit Guapa im Schatten unter dem Felsen, malte und schaute den Delfinen beim Spielen zu.

Sie hatte gelesen, dass nun bald die Zeit kam, in der die Delfinkühe kalbten. Delfinkühe – wie das klang. Gar nicht elegant ... Es würde nicht mehr lange dauern und die Gemeinen Delfine würden sich auf ihre jahreszeitliche Wanderung machen. Gemeine Delfine, das war noch viel schlimmer. Gemeine Delfinkühe. Marie schüttelte den Kopf. Das waren die zweifarbigen Tümmler mit den sanduhrförmigen Zeichnungen an der Seite. Sie waren lange nicht so zutraulich wie die Großen Tümmler, zu denen Pequeño gehörte.

Aber womöglich würde auch er bald weiterziehen, um für seinen Nachwuchs fischreichere Gewässer aufzusuchen.

Marie setzte ihren Namen unter das neu gemalte Bild, rollte es ein und steckte es zusammen mit etwas Sand und ein paar Muscheln in eine leere Plastikflasche. Diese würde sie Carlotta Pilar geben, wenn sie von ihren Großeltern zurück war.

In dieser Nacht gab es einen heftigen Sturm. Marie lag lange wach. Wenn die Wolken den Blick auf den Vollmond freigaben, war es für einen Moment taghell in ihrem Zimmer. Guapa schlüpfte kurzerhand unter die Bettdecke und rollte sich an ihren Füßen zusammen. Marie traute sich für den Rest der Nacht nicht, sich zu bewegen.

Als sie am nächsten Morgen zu der Bucht kam, dümpelte ein kleines Ruderboot nahe dem Ufer im Wasser. Es schien sich losgerissen zu haben, sehr zur Freude der Delfine. Die flinken Tümmler umkreisten die Barke, sprangen darüber hinweg und ließen sie schaukeln.

Marie musste laut loslachen, als sie sah, wie ein vorwitziges Jungtier mit den Brustflossen auf die Seitenwand aufzusitzen versuchte und das Boot dadurch fast zum Kentern brachte.

Angestrengt überlegte Marie, was sie jetzt tun sollte. Carlotta Pilar wäre, ohne zu zögern, ins Wasser gesprungen und hätte den maroden Kahn an Land gezogen, damit sich niemand verletzte.

»Pequeño!«, rief sie den kleinen Delfin. »Bring mir das Boot.« Einen Versuch war es wert, obwohl sie nicht wusste, wie sie dem Tümmler begreiflich machen sollte, was sie von ihm wollte. Marie zeigte auf das Boot. »Pequeño, bitte. Hol es mir. Ich möchte nicht, dass sich jemand von euch daran wehtut. Bring es her. Wir müssen es an Land festmachen.«

Der Delfin drehte sich um sich selbst und schlug klatschend mit der Schwanzflosse ins Wasser. Marie kreischte auf, als ihr eine kleine Fontäne ins Gesicht spritzte. Pequeño zirpte begeistert.

Mit der Hand wischte sich Marie über die Augen. »Ich kann ja verstehen, dass du Carlotta Pilar vermisst und viel lieber mit ihr schwimmen möchtest. Aber ich kenne da ein tolles neues Spiel. Es heißt: Bring mir das Boot.« Sie zeigte zuerst auf die Barke, dann auf sich und machte mit den Armen eine ausladende Bewegung. »Los!«

Pequeño pfiff und verschwand mit einem dicken Klatscher seiner Schwanzflosse in den Fluten.

Marie kreischte noch einmal auf. Jetzt war sie von oben bis unten nass. Sie seufzte und wollte gerade zurück zu den Felsen gehen, als eine große Welle das Boot an Land spülte. Schnell ergriff sie den Bug und zog es höher auf den weichen Sand.

In diesem Augenblick brach sich jedoch eine weitere Welle am Strand und umspülte Maries Beine bis zu den Knien.

Sie schloss die Augen und atmete tief durch. Eine schreckliche Erinnerung stieg in ihr hoch.

Schlittschuhlaufen auf dem See. Das Geräusch von splitterndem Eis. Etwas Kaltes, Nasses berührte sie am Bein, umklammerte ihren Knöchel und zog sie in die Tiefe. Marie schrie und ihre Lungen füllten sich mit Wasser.

Marie hatte das Gefühl, keine Luft zu bekommen. »Atmen«, schoss es ihr durch den Kopf. »Du musst atmen!« Sie sog hastig Sauerstoff in ihre Lungen und beruhigte sich allmählich wieder. Sie war am Meer, sie hatte keine Schlittschuhe an ihren Füßen. Marie griff nach der Bootswand und klammerte sich daran fest.

Alles war in Ordnung.

Kapitel 8

Am nächsten Tag beim Einkauf mit ihrer Mutter steckte die Fischhändlerin Marie einen kleinen Brief zu. Auf dem Umschlag stand in krakeliger Schrift ihr Name. Die Nachricht selbst bestand nur aus drei Wörtern: *Morgen. Unser Platz.*

Mehr nicht.

Aber das reichte Marie. Sie klatschte vor Freude in die Hände. Morgen. Endlich. Sie würde da sein. Und Guapa auch.

Sie badete und bürstete den kleinen Hund und befestigte eine Schleife am Halsband, das sie selbst geflochten hatte. Dann dachte sie an Carlotta Pilar mit dem Karohemd und den schmutzigen Füßen und machte die Schleife wieder ab. »Das passt nicht zu euch!«, stellte sie fest und nickte. »So ist es besser. Jetzt musst du dich nur noch einmal ordentlich im Garten wälzen.«

Als Marie tags darauf die kleine Bucht erreichte, war Carlotta Pilar bereits da. Sie saß auf einem Felsen und schaute aufs Meer hinaus. Den linken Arm trug sie eingegipst in einer Schlaufe.

Guapa stürmte kläffend auf ihr Frauchen zu und schleckte ihr durchs Gesicht.

»Hola!«, begrüßte Marie ihre Freundin.

»Hola!«, antwortete Carlotta Pilar und grinste breit. »Sie hat zugenommen. Das ist gut. Bei uns zu Hause gibt es meistens Fisch. Den mögen wir nicht.«

»Ich habe ihr Hundefutter gekauft.«

»Und ein Halsband.«

Marie schüttelte den Kopf. »Nein, das habe ich selber gemacht.«

Carlotta Pilar zog die Augenbrauen hoch. »Das kannst du gut«, stellte sie fest. »So was solltest du Touristen verkaufen.«

»Ach Quatsch.« Marie wurde rot. »Das ist ganz einfach. Ich zeige es dir.«

»Gut«, sagte Carlotta Pilar. »Dann kann ich es verkaufen. Aber erst, wenn mein Arm wieder funktioniert. Bin vom Rad gefallen und hab ihn mir gebrochen.«

»Ja, ich weiß, das hat deine Mutter meinem Vater erzählt«, erwiderte Marie. »Übrigens, danke für die Muschel.«

»Es ist eine Schnecke.«

»Ich weiß.«

»Und weißt du auch, dass man in ihr das Meer hören kann? Ich habe sie selbst nach oben geholt. Zusammen mit Pequeño.«

Marie lächelte. »Das hat mir Mama nicht geglaubt.«

Sie strahlten einander an.

»Ich habe sie dabei«, sagte Marie, griff in ihren Rucksack und wickelte die Meeresschnecke vorsichtig aus ihrem Schal.

Carlotta Pilar nahm sie in die Hand und hielt sie zuerst sich und dann Marie ans Ohr. »Ich habe das Meer vermisst. Hörst du es brausen?«

Marie zwang sich, nicht an irgendwelche Krebse oder Ohrenkneifer zu denken, die vielleicht in den Gängen des Gehäuses wohnen könnten. Und tatsächlich, irgendwo aus den Tiefen der Schnecke erklang ein leises Rauschen und mit einem Mal kam ihr das Meer gar nicht mehr so bedrohlich vor. Vorsichtig streckte sie ihren Fuß aus und hielt ihren großen Zeh ins seichte Wasser. Ein Kribbeln breitete sich in ihrem Körper aus und als es ihren Nacken erreicht hatte, musste sie sich wohlig schütteln.

»Wo kommt denn das Boot her?«, riss Carlotta Pilar sie aus den Gedanken.

»Es ist hier gestrandet«, antwortete Marie.

Carlotta Pilars Augen fingen an zu funkeln. »Lust auf eine kleine Spritztour?«

»Es gehört uns doch nicht. Und wir haben keine Schwimmwesten dabei«, widersprach Marie.

»Ach, papperlaquatsch«, sagte Carlotta Pilar. »Das Boot ist hier gestrandet ... und Strandgut gehört dem, der es findet. Das war schon immer so«, erklärte sie voller Überzeugung.

Marie kaute nachdenklich auf ihrer Unterlippe herum.

»Na komm schon«, sagte ihre Freundin mit blitzenden Augen. »Wir bleiben ja in der Bucht. Ich schau mal, ob die Ruder drin sind.« Sie eilte mit Guapa voraus.

Marie packte vorsichtig die Meeresschnecke wieder ein und folgte ihrer Freundin dann wohl oder übel.

»Mist!«, rief Carlotta Pilar. »Eins fehlt und außerdem hat das Boot ein Leck. Das müssen wir reparieren, dann können wir damit aufs Meer hinausfahren.«

Bei der Vorstellung, allein mit Carlotta Pilar in so einem brüchigen Teil in See zu stechen, krampfte sich Maries Magen zusammen. »Und wie willst du das machen, mit nur einem Arm?«, fragte sie skeptisch.

»Ich habe ja dich«, erwiderte ihre Freundin.

Marie seufzte, dann fiel ihr Blick auf ihre Uhr. »Verflixt, ich muss nach Hause«, sagte sie und stöhnte.

»Ist gut.« Carlotta Pilar gähnte. »Zieh dir morgen alte Klamotten an.«

»Wieso?«, fragte Marie erstaunt.

»Wir müssen das Boot teeren, damit es wieder dicht ist.« Sie wedelte mit dem Gipsarm vor Maries Nase herum. »Ich schaff's nicht alleine. Du hilfst mir doch, oder?«

Marie überlegte, ob Teer nicht unglaublich giftig war, sagte aber nichts. »Kannst du das denn?«

»Na klar!« Carlotta Pilar strahlte. »Ich bringe alles mit, was wir brauchen. Ich weiß, wo ich es finde, und ich habe oft genug zugesehen und geholfen, um zu wissen, wie es geht.«

Marie stellte sich lieber nicht vor, wie eine Horde Fischer schreiend und fluchend hinter Carlotta Pilar herrannte, die mit einem schwappenden Teereimer und zwei Pinseln in der Hand vom Hafengelände flüchtete. »Bist du sicher?«, fragte sie vorsichtig.

Carlotta Pilars Gesicht nahm einen entschlossenen Ausdruck an. »Klar«, sagte sie und feixte fröhlich. »Bis morgen!«

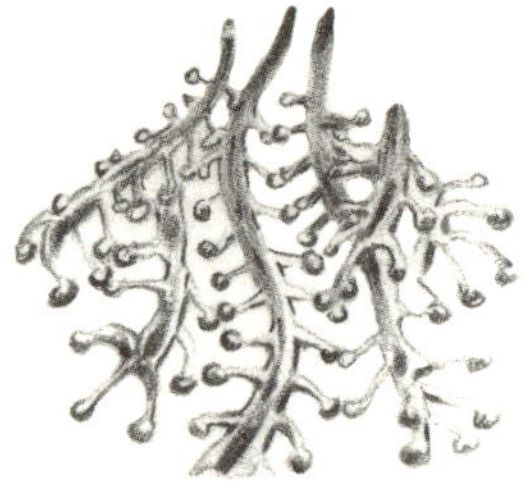

Kapitel 9

Am nächsten Tag erwartete Carlotta Pilar ihre Freundin bereits. Sie saß inmitten eines Stapels Bretter. Ein Hammer, Nägel, Pinsel, ein Farbeimer, Zangen und allerlei anderer Gerätschaften lagen um sie herum verstreut. »Sieh mal, was das Meer uns wiedergebracht hat!«, rief sie schon von Weitem und hielt das verlorene Ruder in die Höhe.

»Hmm«, grunzte Marie, viel zu sehr damit beschäftigt, Guapa zu streicheln, die an ihrem Hosenbein hochsprang. Dann blickte sie auf und betrachtete den Materialhaufen. »Wie hast du denn das alles hierher geschafft?«, wunderte sie sich.

Carlotta Pilar grinste breit. »Ich hatte doch Zeit«, erklärte sie großtuerisch und zuckte mit den Achseln. »Ich bin eben ein paarmal gegangen.«

»Und hat dich keiner gesehen?«, fragte Marie ungläubig. »Du hast das doch wohl hoffentlich nicht geklaut, oder?«

Carlotta Pilars Grinsen wurde breiter. »Das habe ich nur geliehen. Und die Bretter und den Teer hat mir mein Vater geschenkt. Er hat sich gefreut, dass ich endlich mal was Nützliches machen will.«

Marie wurde bleich. »Du hast ihm von dem Boot erzählt?«

»Nicht direkt«, gab Carlotta Pilar zu und sah in die Ferne. »Ich glaube, er denkt, dass ich eines seiner alten Boote ausbessern will.«

»Aber das geht doch nicht. Man darf nicht lügen. Er wird es sowieso irgendwann merken!?«, entrüstete sich Marie.

»Der merkt nur das, was er merken will«, erklärte Carlotta Pilar bitter und presste die Lippen aufeinander. »Außerdem geht er natürlich davon aus, dass ich alleine eine ganze Weile brauchen werde. So, jetzt müssen wir das Boot höher auf den Strand ziehen und dann kippen und auf den Kopf drehen«, erklärte sie und begann, mit einem Arm an dem Strick zu ziehen.

Die Barke bewegte sich nicht. »Los, hilf mir!«, forderte sie Marie auf.

Marie seufzte ergeben und ergriff das Seil, das tief in ihre Handflächen schnitt, sodass sie es wieder losließ. »So geht das nicht«, keuchte sie. »Aber ich habe da was. Warte mal.« Sie förderte zwei Paar Gartenhandschuhe aus ihrem Rucksack zutage. Sie waren zwar reichlich groß, weil sie ihrer Mutter gehörten, aber es war allemal besser, als sich die Finger kaputt zu machen.

»Vamos!« Carlotta Pilar nahm das Tau und legte es sich wie eine Schärpe um die Schulter, Marie ergriff das Ende des Seils.

Stück für Stück zogen sie die Barke mit vereinten Kräften den Strand hinauf, das Kippen des Bootes war dagegen fast ein Kinderspiel. Und dann hatten sie es geschafft.

»Wie gut, dass du an Handschuhe gedacht hast«, lobte Carlotta Pilar. »Sonst würden all diese Holzsplitter jetzt in meiner Hand stecken.« Mit breitem

Grinsen zupfte sie einen um den anderen aus dem Handschuh.

Marie lächelte zufrieden. Zu Hause würde ihr niemand glauben, was sie heute mit Carlotta Pilar alles gemacht hatte. Und das, obwohl die Verletzungsgefahr beträchtlich gewesen war. Aber sie wollte es nicht übertreiben. Und auch wenn das Boot wieder seetüchtig war, so schnell würde sie nicht dort hineinsteigen.

»Hier, hältst du mal?« Carlotta Pilar streckte Marie einen gefährlich aussehenden Hobel hin.

Widerwillig und mit spitzen Fingern griff Marie zu. Wie gut, dass sie Verbandszeug und Desinfektionstücher dabeihatte.

Sie würde ganz sicher nicht mit diesen Mordinstrumenten arbeiten. Sie wusste ja auch gar nicht, wie das ging.

Doch darauf nahm Carlotta Pilar keine Rücksicht. Eine Stunde später schliff Marie unter ihrer sachkundigen Anleitung ein Brett, das sie zuvor bereits passgenau ausgesägt hatten. Es sollte die morsche Planke im Schiffsboden ersetzen.

Eine weitere Stunde später hatten sie das Brett eingesetzt. Carlotta Pilar hielt todesmutig die Nägel fest, und Marie versuchte tapfer, mit dem Hammer die Drahtstifte und nicht Carlotta Pilars Finger zu erwischen. Ein paarmal traf sie leider daneben, doch Carlotta Pilar war hart im Nehmen. Nur einmal ließ sie los und steckte sich ihren blau angelaufenen Daumen in den Mund.

»Bist du eigentlich gegen Wundstarrkrampf geimpft?«, fragte Marie.

»Gegen was?« Carlotta Pilar sah ihre Freundin verständnislos an.

»Na, Tetanus. Hast du schon mal eine Spritze gegen Tetanus bekommen?«, hakte Marie ungeduldig nach.

»Ich hasse Spritzen!« Carlotta Pilar fuchtelte wütend mit dem dicken, in Teer getauchten Pinsel in der Luft herum. Marie duckte sich unwillkürlich, um keinen Tropfen der schwarzen klebrigen Farbe abzubekommen. »Die haben mich festgehalten im Krankenhaus. Dabei konnte ich mich eh kaum wehren wegen dem blöden Gipsarm!«, beschwerte sie sich.

»Also bist du sogar frisch geimpft«, fasste Marie erleichtert zusammen und atmete aus.

»Und wie«, grunzte Carlotta Pilar und tunkte den Pinsel erneut in den Eimer.

Als sie fertig waren, dämmerte es bereits. Aber dafür glänzte der komplette Rumpf des Bootes in einer dicken Schicht feuchtem Schwarz. »Da geht nix mehr durch«, freute sich Carlotta Pilar. »Das ist dicht.«

Marie ließ ihren Blick über das Boot gleiten. »Aber wenn du glaubst, dass ich mich jetzt in dieses Ding ...«

»Bist du verrückt?«, fiel Carlotta Pilar ihr ins Wort und hob in gespieltem Entsetzen die Augenbrauen.

Einige Tage später, als die ersten Gäste aus Deutschland in der *Casa Alemana* eintrafen, machte sich Marie sofort auf zur Bucht. Doch noch auf dem Weg dorthin kam ihr Carlotta Pilar aufgeregt entgegengelaufen.

»Sie sind weg«, keuchte ihre Freundin atemlos.

»Was ist los?«, fragte Marie.

»Die Delfine sind nicht mehr da«, sagte Carlotta Pilar mit zittriger Stimme.

»Die Blau-Weißen?«, fragte Marie zurück. »Das war doch abzusehen, sie sind sicher zu ihrer Wanderschaft aufgebrochen. Du hast selbst gesagt, dass das immer so ist im Juni.«

Carlotta Pilar schüttelte aufgeregt den Kopf. »Nein, diesmal ist es anders. Sie sind alle weg«, stöhnte sie und schniefte. »Es muss etwas passiert sein. Komm!« Carlotta Pilar ergriff Maries Hand und zog sie weg von den Felsen in Richtung Dorf.

»Wo willst du denn hin?«, fragte Marie nach Luft schnappend. »Geht das nicht ein bisschen langsamer?« Sie hatte Angst hinzufallen.

»Zum Hafen«, erklärte ihre Freundin. »Ich habe einen Verdacht.«

Dann kletterten sie auch schon durch ein Loch in der Kaimauer und tauchten auf der anderen Seite hinter einem Busch wieder auf. Marie stöhnte. Sie hatte zwei grüne Flecken auf den Knien und eine Schramme am Handballen. Sie brauchte jetzt ganz dringend eine Verschnaufpause und ihre Desinfektionstücher.

Carlotta Pilar spähte zwischen den Zweigen hindurch. »Warte«, wisperte sie. Dann gab sie grünes Licht und huschte davon. »Schnell!«

Marie verdrehte die Augen. Was sollte das denn nun? Aber sie sputete sich, ihrer Freundin auf allen vieren hinterherzukriechen. Schnell schob sie den Gedanken an Spinnen, Schnecken, Skorpione und Schlangen beiseite. Ein Zweig verfing sich in ihren Haaren und ziepte heftig. Marie biss jedoch die Zähne zusammen und kämpfte sich frei.

»So, da wären wir«, erklärte Carlotta Pilar, klopfte sich die Hosenbeine ab und stand auf.

Marie tat es ihr nach und sah sich um.

Kapitel 10

Sie waren am Fährhafen. Zielstrebig steuerte Carlotta Pilar auf den Kai mit den Ausflugsschiffen zu. Nebeneinander dümpelten friedlich kleine Barkassen mit Aufschriften wie »Gläserner Boden. Zauberhafte Unterwasserwelt zum Greifen nah«, »Inselrundtour mit Grotten« und »Hochseefischen, Abfahrt dreimal täglich«. Carlotta Pilar hatte es auf ein kleines Schiff abgesehen, das ganz hinten in der Reihe lag und mit farbenprächtigen Aufstellern und Plakaten für »Delfin- und Waltouren hautnah« warb.

Sie stemmte die Hände in die Hüften und schnaubte verächtlich. »Ich hab's doch gewusst. José ist so ein

Schwein! Schau dir das an!«, tobte sie und verfiel in eine wütende Schimpftirade auf Spanisch.

Marie verstand kein Wort. Sie schaute ihre Freundin aus zusammengekniffenen Augen an. »Kannst du mir mal bitte auf Deutsch erklären, worüber du dich so aufregst?«

»Si, klaro!«, begann Carlotta Pilar. »José ist mein Onkel. Papas Bruder. Die beiden verdienen sich seit Jahren ein Zubrot mit diesen Touristenfahrten. Im Juni geht die Saison hier zu Ende, weil die Delfine sich dann zurückziehen, um zu kalben oder andere fischreichere Gewässer aufzusuchen. José hatte sein Boot schon vor ein paar Tagen aufs Trockendock gezogen. Aber jetzt ist es wieder hier. Sieh dir das an! Da ist was faul. Das stinkt wie drei Tage alter Fisch! Vielleicht hält er die Delfine irgendwo gefangen.«

Marie schwieg einen Augenblick. Ihre Gedanken überschlugen sich. »Meine Eltern wollen morgen mit mir so eine Schiffsfahrt machen.«

Carlotta Pilar sah Marie durchdringend an. »Das ist genial«, sagte sie dann.

»Was?«, fragte Marie begriffsstutzig.

»Na, ich kann ja schlecht mitfahren. Mein Onkel kennt mich. Aber er weiß nicht, wer du bist. Er wird keinen Verdacht schöpfen.«

»Verdacht? Inwiefern? Was hast du vor?«

»Ich will wissen, wo Pequeño und die anderen sind. Ob mein Onkel etwas mit ihrem Verschwinden zu tun hat«, erklärte Carlotta Pilar finster. Sie starrte mit geballten Fäusten auf das Boot. Ich habe ihn schon einmal aus den Netzen geschnitten. Ich werde es wieder tun, wenn es darauf ankommt.«

»Pequeño?«, fragte Marie leise. Auf einmal begriff sie, woher die Narben des kleinen Delfins kamen. Nur eines verstand sie nicht. »Aber wieso sollten sie die Delfine verletzen, wenn sie ihnen doch Geld bringen?«

Carlotta Pilar stapfte im Eilschritt die Mole hinunter, und Marie hatte Mühe, ihr zu folgen. Dann blieb ihre Freundin abrupt stehen und sah Marie unvermittelt an. Ihre braunen Augen hatten sich mit Tränen gefüllt. »Die Delfine sind ihnen doch ganz egal. Es geht ums Geld. Ums schnelle Geld. Das Fischerleben ist hart. Meine Eltern schuften jeden Tag viele Stunden, aber es bleibt kaum etwas übrig und die

Fische werden immer weniger. Aber das macht es nicht besser. Touristen zu den Delfinen zu bringen, gibt gutes Geld. Und gleichzeitig finden sie, dass es eh zu viele Tümmler gibt, die ihnen die wenigen Fische auch noch streitig machen.«

»Also kommt es auf einen mehr oder weniger nicht an«, fasste Marie leise zusammen.

Carlotta Pilar nickte traurig und lief weiter.

»Und worauf genau soll ich bei dieser Ausflugsfahrt achten?«, wollte Marie wissen.

Carlotta Pilar blieb kurz stehen. »Du musst gucken, wo sie sind und ob es ihnen gut geht, und dann lassen wir uns etwas einfallen. Wir haben ein Boot und ein Messer.«

Marie schluckte, als sie Carlotta Pilars grimmig entschlossenen Blick sah. »Am besten wäre es, ihr würdet heute fahren.«

»Ich schau mal, was ich machen kann«, sagte Marie schnell.

Carlotta Pilar brachte Marie noch nach Hause.

Isabelle Rehschmidt öffnete die Haustür und sah die beiden erschrocken an. »Was ist denn passiert? Marie, Liebling, hast du dir wehgetan? Kommt erst mal rein … Oh, hallo, Guapa!«, begrüßte sie dann den kleinen Mischling, der Schwanz wedelnd an ihr hochsprang.

Marie runzelte die Stirn. »Wie kommst du denn darauf?«, fragte sie.

»Du hast Löcher in der Hose.« Isabelle Rehschmidt blickte ihre Tochter mit hochgezogenen Augenbrauen an. »Und aufgeschürfte Knie, eine Schramme an der Wange und die schmutzigsten Hände der Welt.«

Marie sah erstaunt an sich herunter. Das hatte sie total vergessen. Und dass die Knie aufgeschürft waren, hatte sie noch gar nicht bemerkt.

»Nein, die schmutzigsten Hände der Welt habe ich«, warf Carlotta Pilar ein und ließ mit einem umwerfenden Lächeln ihre weißen Zähne blitzen. »Und die dreckigsten Füße!« Zum Beweis winkelte sie rasch ihr rechtes Bein an und zeigte ihnen ihre Fußsohlen, die tatsächlich schwärzer waren als der Straßenasphalt.

»Du liebe Güte«, sagte Maries Mutter prompt und bugsierte die beiden in die Küche, wo sie warmes Wasser in eine kleine Plastikwanne laufen ließ. »Setzt euch. Jetzt machen wir große Wäsche und dazu gibt es einen Kakao. Oder lieber ein Glas Milch?«

Notgedrungen ließen die beiden die Reinigungsprozedur über sich ergehen. Marie zog ihre Hose aus und schlüpfte in frisch gewaschene Shorts. Carlotta Pilar wurde in ein zweites Paar von Maries Shorts gesteckt, allerdings weigerte sie sich hartnäckig, ihr staubiges Karohemd auszuziehen. Maries abgeschnittene Jeans wollte Isabelle Rehschmidt zusammen mit Maries Klamotten in die Waschmaschine stecken. Aber als sie sich umdrehte, um die Milchflasche zurück in den Kühlschrank zu stellen, stibitzte Carlotta Pilar ihre Hose aus dem Wäschehaufen und stopfte sie sich unters Hemd in den Hosenbund. Dann stieß sie ihre Freundin mit dem Fuß an.

Marie verstand den Wink. »Mama«, begann sie.

»Ja, Schatz?«

»Der Delfinausflug mit unseren Gästen, also …«

»Möchte Carlotta mitkommen?«, fuhr ihre Mutter ihr ins Wort.

»Carlotta Pilar«, verbesserten Marie und Carlotta Pilar Isabelle Rehschmidt wie aus einem Mund.

Carlotta Pilar schüttelte den Kopf. »Ich mache mir nichts aus diesen Bootstouren. Mir wird dabei nur schlecht«, flunkerte sie.

»Wir haben ganz tolle Tabletten gegen Seekrankheit«, erwiderte Maries Mutter leichthin und stellte zwei Gläser mit Milch vor den Mädchen ab. »Aber ihr beiden unternehmt ja sowieso ganz viele Dinge zusammen.«

»Ja«, sagte Carlotta Pilar und stürzte sich auf die Milch. Sie trank das Glas in einem Zug aus. »Lecker!«

»Du hast einen Milchbart«, stellte Marie fest und kicherte.

»Wann wollen wir denn fahren? Morgen Nachmittag? Oder übermorgen?«, fragte Maries Mutter.

»Heute noch«, drängte Carlotta Pilar.

Isabelle Rehschmidt sah sie überrascht an.

»Morgen soll es sehr windig werden«, sagte Marie rasch.

Carlotta Pilar wurde rot und fügte leise hinzu: »Das Schiff legt um zwei ab.«

Maries Mutter sah auf die Küchenuhr. »Das schaffen wir leider nicht mehr. Jan ist mit unseren Gästen zum Strand gegangen. Wenn es also morgen so windig wird, sagen wir übermorgen, ja? Oder am Wochenende?«

»Nein, morgen ist besser«, widersprach Marie ihrer Mutter schell.

»Es gibt auch eine Tour um elf«, sagte Carlotta Pilar.

Erstaunt schaute Isabelle Rehschmidt die Mädchen an.

»Der Wind frischt erst am Nachmittag auf«, fügte Marie rasch hinzu.

»Ach so«, sagte ihre Mutter. »Und du bist sicher, dass du nicht doch mitkommen magst?« Sie sah Carlotta Pilar durchdringend an.

Diese schüttelte den Kopf und stand auf. »Ganz sicher. Danke. Ich muss jetzt los.«

»Willst du dir nicht die Geckos anschauen?«, fragte Marie enttäuscht. Sie hätte ihrer Freundin so gerne ihr Zimmer gezeigt.

Aber Carlotta Pilar hatte sich entschieden. »Komm, Guapa!«, rief sie und dann war sie auch schon verschwunden.

Am nächsten Morgen lagen ein Brief und Maries ausgeliehene Hose (sauber zusammengelegt) vor der Tür. Rasch schloss sich Marie damit im Badezimmer ein. Sie faltete das karierte Blatt Papier auseinander, das in einem sorgfältig zugeklebten Briefumschlag gesteckt hatte.

Hola!
Warte in der Bucht auf dich. Komm bitte gleich nach der Delfinfahrt.
C. P.

Marie runzelte die Stirn. Das hätte sie sowieso getan. Wieso war Carlotta Pilar so nervös?

Es klopfte an die Tür und kurz darauf rief ihr Vater: »Marie? Bist du da drin? Wir wollen los! Unsere Gäste warten schon.«

»Komme gleich!«, sagte Marie und drückte auf die Spülung. Als das Wasser rauschte, musste sie natürlich wirklich noch mal zur Toilette. Während sie beim Händewaschen in den Spiegel schaute, ging sie in Gedanken noch einmal durch, ob sie auch wirklich alles eingepackt hatte. Digitalkamera mit Ersatzbatterien, Sprühpflaster (man wusste ja nie), Reisetabletten, Spucktüte, Sonnencreme, Mütze, Schreibzeug, Taschenmesser, Schwimmweste … Irgendwas fehlte, aber sie kam nicht drauf. Marie seufzte. Wenn ihr Gehirn nicht wollte, dann wollte es eben nicht. Da musste man nur mal zwischendurch an etwas anderes denken, dann würde es ihr schon wieder einfallen, beruhigte sie sich.

»Marie! Wo bleibst du?«, rief nun ihre Mutter.

Marie schulterte schnell ihren Rucksack. Sie kam sich vor wie ein Agent in heimlicher Mission. Ihre Eltern hatten keine Ahnung von ihrem Auftrag und das war gut so.

»Du willst doch nicht wirklich deine Schwimmweste mitnehmen?«, wunderte sich Jan Rehschmidt, als Marie mit ihrem Gepäck in den Fond des Familienautos kletterte.

»Doch«, beharrte sie stur. »Schiffe gehen unter und es sind nie genügend Rettungsboote und Westen an Bord.«

»So ist unsere Marie nun mal«, sagte Isabelle Rehschmidt lächelnd, als sie die verwunderten Blicke ihrer Gäste sah.

Kapitel 11

Die erste halbe Stunde an Bord des Schiffes war für Marie sehr langweilig und sehr anstrengend.

Die deutschen Gäste Elke und Jürgen versuchten immer wieder, sie in ein Gespräch zu verwickeln, aber Marie musste ununterbrochen darüber nachdenken, was sie wohl zu Hause vergessen haben könnte.

Und dann fiel es ihr endlich ein. »Fernglas! Ich habe das Fernglas liegen lassen«, rief sie erschüttert.

»Möchtest du unseres ausleihen?«, erkundigte sich Elke freundlich.

Marie schüttelte ungeduldig den Kopf, als sie das kleine Plastikding sah. »Ich brauche ein eigenes, ein richtiges«, erklärte sie und rannte zu ihrem Vater, der mit ihrer Mutter im Arm an der Reling stand und zusammen mit zwölf (gefühlten hundert!) anderen Touristen aufs Wasser schaute. »Papa«, kreischte sie. »Ich habe mein Fernglas vergessen.«

»Liebes, kannst du nicht durch deine Digitalkamera schauen? Da ist doch ein Zoom drin«, schlug Jan Rehschmidt vor. »Hast du denn schon was entdeckt?«

Gerade als Marie zu einer Antwort ansetzen wollte, meldete sich schnarrend die Stimme des Kapitäns über den alten Bordlautsprecher.

Marie verstand kein Wort, im Gegensatz zu den anderen Ausflugsgästen, die mit einem Mal zum Bug des Schiffes eilten. Dann ertönten die ersten »Ahs!« und »Ohs«.

Marie grunzte. Wenn sie ein Delfin wäre, würde sie ganz schnell das Weite suchen. Während sie in ihrem Rucksack nach dem Fotoapparat suchte, liefen alle plötzlich auf die andere Seite der kleinen Barkasse, und das Schiff fing an zu schaukeln.

»Komm, Marie. Hier ist Platz für dich!«, hörte sie die Stimme ihrer Mutter irgendwo in der Menge.

Dann sah sie einen Arm in die Höhe ragen. Sie schob sich zwischen dicken Bäuchen hindurch, bis sich die Hand ihres Vaters um ihren Arm schloss. »Würden Sie bitte mal meine Tochter durchlassen?«

Marie atmete tief durch. Irgendein Ellbogen drückte gegen ihre Schulter, und sie sah immer noch nichts außer Meer und Bojen und einer kleinen Felsengruppe, die aussah wie eine Indianernase.

Da erklang ein Platschen ganz in der Nähe des Schiffes. Einmal und dann noch einmal und ein drittes Mal. Marie reckte den Kopf. Drei Delfine waren längs des Bootes kurz aufgetaucht und glitten nun unter der Wasseroberfläche in der Bugwelle dahin. Ein kleines Mädchen neben Marie juchzte und klatschte in die Hände.

»Da drüben sind auch welche!«, rief jemand, und endlich bekam Marie Platz zum Atmen, weil alle zum Heck rannten.

»Willst du nicht auch schauen?«, fragte ihr Vater.

Marie schüttelte den Kopf. Irgendetwas stimmte nicht. Die Delfine wirkten aufgeregt und viel scheuer als sonst. Vielleicht bildete sie sich das aber auch nur ein, weil Carlotta Pilar so panisch reagiert hatte. Sie versuchte, die Delfine zu identifizieren. Aber sie waren zu weit weg.

Ein kleiner Delfin tauchte plötzlich dicht neben dem Ausflugsboot auf und spritzte alle nass. Marie riss die Kamera hoch, beugte sich vor und drückte ab. Der Tümmler pfiff und gab Klicklaute von sich.

»Pequeño?«, fragte Marie leise. Als der Tümmler abtauchte, erhaschte sie einen Blick auf eine vernarbte Rückenflosse. Es war Pequeño. Er schoss unter der Wasseroberfläche dahin und wendete nach fünfzig Metern. Er sprang abermals aus dem Wasser, spritzte erneut alle nass, schwamm davon und tauchte zwanzig Meter weiter wieder auf, klickte und pfiff, kam näher und wendete erneut. Schließlich schwamm er davon.

Marie hatte ein ganz komisches Gefühl in der Magengegend. Wo war Pequeños kleine Freundin? In den letzten Wochen war er ihr kaum von der Seite gewichen.

Sie sah sich um und fing an, wild drauflos zu fotografieren. Die Bojen, das Meer, die Felsen. Vielleicht konnte Carlotta Pilar etwas damit anfangen. Sicher mehr als sie.

Der Delfin drehte ab und schloss sich den anderen drei Tümmlern an, die das Schiff anfangs begleitet hatten.

»So, wie du das beschreibst, wollte Pequeño dir etwas zeigen«, mutmaßte Carlotta Pilar. Sie hatte es zu Hause nicht mehr ausgehalten und hatte bereits am Hafen auf Marie gewartet. Nachdem Jan Rehschmidt ihnen ein Eis spendiert hatte, hatten sie sich am Hafen auf eine Bank gesetzt.

Carlotta Pilar schaute sich alle Fotos auf dem Display von Maries Digitalkamera genau an. Sie hatte sich ihr Karohemd über den Kopf gezogen, weil die Sonne so geblendet hatte und sie auf dem kleinen Monitor nichts hatte erkennen können. »Wo sind die denn mit euch überall herumgeschippert?«, fragte sie nach einer Weile entrüstet. »Das Foto hast du doch ganz in der Nähe unserer Bucht aufgenommen. Den Felsen kenne ich!«

Marie steckte ihren Kopf ebenfalls unters Karohemd. Dort war es warm und stickig und es roch ein bisschen nach Fisch mit Schokoladeneis. »Und all die Bojen?«, fragte sie. »Wozu sind die da?«

»Die markieren Schifffahrtswege«, antwortete Carlotta Pilar. »Nein!«, schrie sie dann aufgeregt. Sie riss das Karohemd herunter und sprang auf. »Das sind Begrenzungen eines Ringwadennetzes.«

»Eines was?«, fragte Marie verständnislos und packte die Kamera ein.

Carlotta Pilar hatte es plötzlich ganz eilig. »Ringwadennetz«, wiederholte sie ungeduldig. »Die benutzen die Fischer hier in der Region, um Thunfische oder Bonitos zu jagen. Aber man kann auch prima Delfine damit fangen«, fügte sie bitter hinzu. »Es sieht so aus, als ob es dort wie eine Art Unterwasserkäfig liegt.«

»Aber?« Weiter kam Marie nicht. Denn Carlotta Pilar rannte jetzt.

»Ich wette, Pequeño wollte dir sagen, dass einer seiner Freunde Hilfe braucht. Komm!«

Marie schluckte. Konnte das stimmen? »Wo willst du hin?«, rief sie Carlotta Pilar hinterher und blieb stehen, um einen Moment zu verschnaufen. Sie hatte Seitenstechen und bekam kaum noch Luft.

Carlotta Pilar war schon an der Hafenmauer angekommen, unweit des Busches, hinter dem sich der Zugang zu den Felsen verbarg. »Wir müssen das Boot holen und den Delfin befreien. Aber ich brauche deine Hilfe.«

»Mit diesem alten Kahn?«, fragte Marie erschrocken. »Das ist lebensgefährlich.«

»Wir haben ihn repariert. Er ist seetüchtig.«

»Ich weiß nicht«, erwiderte Marie. »Was bitte schön machen wir, wenn das Ding mitten auf dem Meer ein neues Leck bekommt? Du hast einen Gipsarm und ich kann nicht besonders gut schwimmen.«

»Du hast eine Schwimmweste«, sagte Carlotta Pilar. »Wir müssen etwas tun. Ich kann meine Freunde nicht im Stich lassen, verstehst du das nicht?«

»Das verstehe ich sehr gut«, erwiderte Marie. »Aber …«

»Dann los.« Carlotta Pilar holte tief Luft und stürmte in Richtung Fischereihafen davon, und Marie blieb nichts anderes übrig, als ihr hinterherzulaufen.

Sie kamen an einem kleinen Bistro vorbei, in dem ihre Eltern mit Elke und Jürgen saßen.

»Marie!?«, rief ihre Mutter und winkte.

Aber Marie zuckte nur mit den Schultern und rannte mit vor Anstrengung rotem Kopf weiter. Sie hatte keine Ahnung, was ihre Freundin vorhatte. Aber sie konnte Carlotta Pilar auf keinen Fall alleine lassen. Nicht in diesem Zustand.

Carlotta Pilar lief geradewegs auf die Fischhandlung ihrer Eltern zu und stürmte durch einen Nebeneingang in den schmalen Flur, der den Verkaufsraum von der Wohnung trennte. Dort riss sie einen silberfarbenen Schlüssel vom Haken und stürmte wieder nach draußen, bevor irgendjemand etwas davon mitbekam.

Carlotta Pilar zog Marie hinter sich her den Kai hinunter, von dem einige Holzstege zum Wasser führten. Sie sprang an Bord eines kleinen Bootes, das nicht viel seetüchtiger aussah als die Barke in der Bucht. Immerhin hatte es einen Motor.

Carlotta Pilar löste das dicke Tau, das um den Haltepfeiler geschlungen war, steckte den Schlüssel ins Schloss und rief Marie zu: »Spring!«

»Du bist ja total verruckt«, sagte Marie tonlos und warf ihren Rucksack ins Boot, bevor Carlotta Pilar einfach ohne sie davonbrauste. Das Boot schaukelte gefährlich, als sie sich auf eine der Holzbänke fallen ließ. Guapa bellte und wedelte mit dem Schwanz.

Carlotta Pilar zog kräftig an der Schnur des Außenborders und der kleine Motor sprang mit einem zufriedenen Gluckern gleich beim ersten Mal an.

Marie klammerte sich an der Sitzbank fest und schloss die Augen. Hoffentlich ging alles gut, dachte sie. Sie atmete tief ein, dann öffnete sie die Augen wieder.

Carlotta Pilar steuerte das Boot aus dem Hafen heraus. Gleich würden sie die offene See erreichen. Sie wurden schneller.

Marie schlüpfte in ihre Rettungsweste, die sie aus dem Rucksack gezogen hatte, und rief ihrer Freundin in einem Ton zu, der keinen Widerspruch duldete: »Zieh das an!«

Carlotta Pilar nahm Marie die orangegelbe Weste ab, die unter der Sitzbank gelegen hatte. Dann gab sie noch mehr Gas. Das Boot hüpfte und schlug hart auf den Wellenkämmen auf.

»Langsamer«, brüllte Marie gegen den Fahrtwind an. Ihr Haar peitschte ihr ins Gesicht.

»Was?«, schrie Carlotta Pilar zurück.

»Langsamer«, brüllte Marie, so laut sie konnte.

Carlotta Pilar kniff die Augen zusammen, drosselte dann aber die Geschwindigkeit ein bisschen.

Marie beschloss, ein ernstes Gespräch mit ihrer Freundin zu führen, sobald sie wieder festen Boden unter den Füßen hatte.

Kapitel 12

Sobald sie in die Nähe der Felsengruppe kamen, drosselte Carlotta Pilar die Geschwindigkeit erneut und zauberte ein Fernglas aus einer kleinen Luke in der Bootswand hervor.

Sie schaukelten sacht auf den Wellen, der Motor tuckerte leise im Leerlauf. Marie stöhnte. Ihr Magen fühlte sich flau an.

»Da sind sie«, sagte Carlotta Pilar leise.

Marie reckte den Hals, konnte aber keine Delfine sehen.

Carlotta Pilar deutete mit ausgestrecktem Arm, das Fernglas vor den Augen, auf eine lange Reihe weißer Punkte, die in einiger Entfernung vor ihnen im Meer trieben. »Das sind die Netze«, erklärte sie.

Marie suchte mit den Augen die Wasseroberfläche ab.

»Da! Da vorn!« Carlotta Pilar zeigte auf eine Stelle innerhalb der Netze und reichte Marie das Fernglas.

Wie auf ein Stichwort geriet das Meer plötzlich in Bewegung. Drei dunkle Schatten kamen auf sie zugeschossen und überquerten in elegantem Sprung das Netz. Dann tauchten drei silbrige Köpfe vor ihnen auf.

»Pequeño!«, rief Carlotta Pilar glücklich.

Der kleine Delfin hob den Kopf, ließ seine Zahnreihen blitzen und schnatterte aufgeregt. Dabei schlug er mit dem Kopf mehrmals auf das Wasser, so als ob er nickte. Anschließend drehte er sich und schwamm ein paar Meter rückwärts. Dann kam er wieder auf das Boot zugetaucht und hob keckernd die Nase in die Höhe.

»Er will uns etwas zeigen!«, rief Marie aufgeregt.

Carlotta Pilar gab vorsichtig Gas und sie folgten den Delfinen, die immer wieder aus dem Wasser sprangen, als ob sie ihnen sagen wollten: Schneller, beeilt euch!

Um auch ins Innere der Netze zu gelangen, drückte Marie das geflochtene Gewebe mit einem Ruder unter Wasser, während Carlotta Pilar den Außenbordmotor anhob.

Marie atmete schwer. Sie versuchte, nicht daran zu denken, dass sie sich weit, weit draußen auf dem offenen Meer befanden ... Unwillkürlich krallte sie sich an dem Ruder fest.

Carlotta Pilar schaltete den Motor eine Stufe höher und tuckerte den Meeressäugern langsam hinterher.

Plötzlich umkreisten die drei Delfine eine Stelle am Rand des Netzes, das mit einem Mal ruckartig unter Wasser gezogen wurde.

»Oh nein!«, rief Marie erschrocken. »Ich glaube, darin hat sich etwas verfangen!«

»Ach du lieber Gott, nein«, flehte Carlotta Pilar und stellte den Motor ab.

Ein Delfin war in die Maschen des Netzes geraten, offensichtlich ein sehr junges Kalb. Pequeño und ein weiterer Delfin versuchten, ihn an die Wasseroberfläche zu drücken.

»Er erstickt, wenn wir ihn nicht rausschneiden. Er braucht Luft!« Carlotta Pilar schwang ihre Beine über die Reling. »Gib mir dein Messer«, forderte sie Marie auf.

Die schüttelte den Kopf. »Das ist Wahnsinn, ihr würdet beide untergehen«, sagte sie mit zittriger Stimme. »Du hast einen Arm in Gips. Vergessen?«

»Dann musst du das machen!« Carlotta Pilars Blick wanderte zwischen Marie und dem Delfin hin und her. »Er wird sterben, wenn wir nichts tun. Das ist Pequeños Baby, glaube ich.« Sie schluchzte. »Wir sind seine einzige Chance. Bitte, Marie!«

Marie fühlte Panik in sich aufsteigen. Sie sah zu den Delfinen. Das kleine Kälbchen zappelte hilflos in den Maschen und zirpte kläglich. »Was soll ich tun?«, fragte sie.

»Nimm dein Taschenmesser und versuch, ihn freizuschneiden«, sagte Carlotta Pilar.

»Und die Delfine?« Marie hatte gelesen, dass die ihre Jungen selbst gegen Haie verteidigten.

»Sie wissen, dass wir helfen wollen. Sie haben uns hergeholt, schon vergessen?«, erwiderte Carlotta Pilar und streckte Marie eine Hand hin.

Marie nahm das Taschenmesser zwischen die Lippen und hangelte sich vorsichtig zum Rand des Bootes. Sie nahm Carlotta Pilars Hand, schloss die Augen und ließ sich ins Meer gleiten. Das Wasser war kälter, als sie gedacht hatte. Im ersten Moment raubte es ihr fast den Atem.

»Du musst loslassen!«, rief Carlotta Pilar.

Marie reagierte nicht.

»Schwimm, Marie, du kannst das.«

Marie zwang sich, die Hand ihrer Freundin loszulassen, und mit drei Zügen erreichte sie schließlich das Netz.

»Hier, halt dich daran fest«, sagte Carlotta Pilar und hielt ihr eines der Ruder hin.

Marie bekam es zu fassen und klemmte es sich unter die Achsel. So konnte sie sich mit der linken Hand am Netz festhalten und mit der rechten schneiden. Die Maschen hatten sich eng um das Delfinkalb zugezogen. »Ich komme nicht dazwischen!«, rief sie prustend, als eine Welle über sie hinwegging. Das Salzwasser brannte in ihren Augen. Sie musste husten.

»Dann schneide erst mal außen herum«, riet Carlotta Pilar. »Wir müssen es zumindest auf einer Seite losbekommen. Dann können wir es zu den Felsen hinüberziehen.«

Stück für Stück gelang es Marie schließlich, das dicke Nylongewebe zu durchtrennen. Ihr Kräfte ließen jedoch allmählich nach, ohne Schwimmweste hätte sie sich nicht an der Wasseroberfläche halten können.

Carlotta Pilar feuerte sie von Bord des kleinen Bootes an und hielt das Ruder. Pequeño versuchte, das Kleine zu stützen.

Marie hatte ihre ganze Konzentration darauf gerichtet, das Kälbchen zu befreien. Irgendwann musste sie das Ruder loslassen, um unter das Delfinbaby zu kommen. Ihre Finger fingen an zu bluten, aber sie spürte keinen Schmerz.

Und dann endlich sackte das Netz unter ihr weg.

»Du hast es geschafft«, jubelte Carlotta Pilar. »Halt ihn fest. Ich ziehe euch rüber zu den Felsen!«, rief sie außer sich vor Freude. Sie warf Marie ein Seil zu. »Knote es dir um die Brust und leg dich auf den Rücken.«

Mit klammen Fingern griff Marie nach dem Strick. Ihre Zähne klapperten. Mit Schrecken bemerkte sie, dass sich das Kälbchen kaum noch bewegte. »Es wird alles wieder gut«, flüsterte sie und griff nach dem Netz, das immer noch stramm um den Körper des Kalbes geschlungen war. »Kann losgehen«, sagte sie. »Vamos!«

Es dauerte nicht lange und sie erreichten den kleinen Felsvorsprung. Dankbar schickte Marie ein Stoßgebet gen Himmel.

Carlotta Pilar sprang neben ihr ins flache Wasser und vertäute das Boot.

»Bist du wahnsinnig?«, schimpfte Marie und richtete sich auf.

»Total verruckt«, bestätigte Carlotta Pilar und feixte kurz, bevor ihr Gesichtsausdruck erneut ernst wurde, weil sie ins Rutschen geraten war und ziemlich lange brauchte, ihr Gleichgewicht wiederzufinden. »Ich kann dir gar nicht sagen, wie ätzend ich diesen Gipsarm finde«, fluchte sie. Sie watete vorsichtig ins Wasser und nahm Marie das Messer ab. »Ganz ruhig, mein Kleiner«, versuchte sie das Delfinkalb zu beruhigen, das sich zappelnd zur Wehr setzte.

Gischt spritzte gegen die Felsen und erschwerte ihnen die Arbeit.

Pequeño kam ganz dicht ans Ufer geschwommen und stieß klagende, schnarrende Laute aus.

Marie rappelte sich hoch und hielt das Jungtier fest, während Carlotta Pilar es von dem Netz befreite. Tief hatte es sich in die Haut des kleinen Delfins geschnitten.

Er glitt Marie aus den Händen zurück ins Wasser, aber er konnte sich nicht auf dem Bauch halten und verlor immer wieder das Gleichgewicht. Kraftlos trieb er in Schräglage und drohte erneut unterzugehen. Irgendetwas stimmte nicht mit einer seiner Brustflossen. Pequeño stützte ihn.

»Was machen wir jetzt?«, fragte Marie erschöpft. Sie zitterte. »Er braucht Hilfe, er schafft es nicht.« Sie sah sich um. Sie waren allein, weit draußen auf dem Meer.

Kapitel 13

»Wenn wir ihn hier zurücklassen, stirbt er«, stellte Carlotta Pilar fest.

Marie nickte, ihre Gedanken rasten. »Ich kann das Boot nicht steuern. Fahr du also zurück und hol Hilfe. Ich bleibe hier bei dem Delfin. Aber beeil dich. Ich glaube, die Flut kommt.«

Carlotta Pilar sah ihre Freundin zögernd an. »Bist du sicher?«

Marie nickte tapfer. »Mach schnell, bevor ich es mir anders überlege!«

Carlotta Pilar stakste unbeholfen zurück zum Boot, löste das Seil und stieß sich von den Felsen ab.

Marie hielt das Delfinjunge zwischen ihren Beinen fest. Am Himmel zogen sich dunkle Wolken zusammen. Sie stützte sich mit den Füßen an einem Felsbrocken ab und verkeilte sich so, dass sie und der Delfin von der Brandung möglichst verschont wurden. Pequeño und seine Gefährten zogen unablässig ihre Kreise vor der kleinen Felseninsel.

Marie blickte nach oben. Die Wolken türmten sich über ihr. »Das ist nicht gut«, murmelte sie und wandte sich dann wieder dem Tümmlerbaby zu. »Du musst keine Angst haben, Carlotta Pilar ist auf dem Weg. Sie weiß, was sie tut, sie ist das tapferste Mädchen, das ich kenne, weißt du ...«

Inzwischen reichte ihr das Wasser bis zum Bauch. Marie stöhnte. Sie hatte jedes Zeitgefühl verloren. Der Wind frischte auf und trieb die Brandung direkt in ihre Richtung und drückte sie gegen die Felsen. Wenn sie nicht von jeder Welle überrollt werden wollte, musste sie ihre Position verändern. Sie konnte vor Schmerz ihre Beine kaum noch spüren. »Von wegen, im Süden ist das Meer schön warm«, schluchzte sie. »Ich hoffe nur, dass Carlotta Pilar Hilfe findet und bald kommt.«

Sie bewegte sich nur ein ganz kleines bisschen, um etwas bequemer zu sitzen, da rutschte sie mit dem linken Fuß von dem glitschigen Felsen ab und verlor den Halt. Der Babydelfin glitt ins Wasser und ging unter.

»Nein!«, kreischte Marie. Sie versuchte, auf die Beine zu kommen, geriet jedoch ins Straucheln und verlor das Gleichgewicht auf dem algenbewachsenen Grund.

Mit den Armen rudernd, kämpfte sie darum, mit dem Kopf über Wasser zu gelangen und sich irgendwo festhalten zu können. Endlich bekam sie wieder Luft. Aber wo war der Babydelfin? Panisch sah sie sich um. Pequeño und seine Gefährten trieben den Kleinen vor sich her und schubsten ihn in ihre Richtung.

Marie schluckte. Sie spürten offenbar, dass sie helfen wollte, dass sie es alleine nicht schafften, ihren Nachwuchs am Leben zu erhalten. Pequeño stupste Marie mit der Nase an. »Aber ich weiß doch gar nicht, was ich tun soll!«, brach es aus ihr heraus. »Ihr seht doch, ich mache alles falsch. Fast wäre er untergegangen.«

Wieder schlug eine Welle über Maries Kopf zusammen. Sie schüttelte sich und schnappte nach Luft. Mühsam rappelte sie sich hoch.

Und dann hatte sie die rettende Idee. Sie watete zu dem kleinen Delfin, streifte ihre Schwimmweste ab und rollte ihn darauf. Anschließend suchte sie sich eine etwas windgeschütztere Ecke, wo die Wellen weniger hoch an die Felsen brandeten. Da tauchte Pequeño plötzlich ab und verschwand.

»Was ist jetzt los?«, rief Marie ängstlich. Der Kleine fing an zu zappeln, und sie hatte Mühe, ihn so zu halten, dass sein Blasloch nicht unter Wasser geriet. »Jetzt ertrink mir bitte nicht, Kleiner«, flehte sie und schloss die Augen.

In dem Moment hörte sie das Motorengeräusch.

Später konnte sie sich nicht mehr erinnern, wie sie oder der kleine Delfin an Bord des Schiffes von der Küstenwache gekommen waren. Carlotta Pilar wurde allerdings nicht müde, es ihr immer und immer wieder zu erzählen.

Jan und Isabelle Rehschmidt hatten sich an die Polizei gewandt, als ihre Tochter nicht wieder aufgetaucht war, und waren Carlotta Pilar mit der Küstenwache entgegengekommen.

Über Funk hatten sie Kontakt mit einem Meeresbiologen aufgenommen, der sich auch sofort auf den Weg gemacht hatte.

Der konnte den Kleinen fachmännisch untersuchen und verarzten. Damit der junge Delfin nicht dauerhaft von seinen Eltern getrennt werden musste, hatte man ihn in eine vom Meer abgeteilte Auffangstation auf die andere Inselseite gebracht. Er hatte sich schon nach wenigen Tagen erholt und konnte in die Freiheit entlassen werden.

Marie und Carlotta standen am Ufer und schauten zu, wie die glücklich vereinte Delfinfamilie im kristallblauen Wasser davonglitt.

Carlotta Pilar wischte sich die Augen am Hemdsärmel ab.

»Weinst du?«, fragte Marie verblüfft.

Ihre Freundin schüttelte heftig den Kopf. »Bist du verruckt? Nur der Wind.«

»Der macht ganz schön rote Augen«, sagte Marie mit tränenerstickter Stimme und biss sich auf die Unterlippe.

»Ist ja alles noch mal gut ausgegangen«, piepste Carlotta Pilar.

»Ja«, flüsterte Marie mit belegter Stimme. Dieses Abenteuer würde ihr noch lange in Erinnerung bleiben, und nicht nur, weil sie einen mordsmäßigen Muskelkater, eine Riesenerkältung und einen verstauchten Knöchel hatte.

Carlotta Pilar ging es nicht viel besser. Ihr Gips am Arm hatte erneuert werden müssen und würde nun noch die eine oder andere Woche länger dranbleiben. Außerdem hatten ihre Eltern ihr Hausarrest erteilt. Einen Monat lang durfte sie nur vor die Tür, um mit Guapa spazieren zu gehen. Außerdem musste sie beim Fischverkauf helfen. Ihr einziger Trost war, dass der Meeresbiologe ihren Onkel angezeigt hatte und der für das Auslegen der Netze zur Verantwortung gezogen wurde.

Die Delfine kamen jetzt nur noch selten in die kleine Bucht und eines Tages waren sie ganz fort.

»Weitergezogen«, stellte Carlotta Pilar fest. »Sie sind irgendwo da draußen und eines Tages kommen sie wieder, wart es nur ab.« Sie überlegte einen

Moment und ließ ihren Blick über die Bucht schweifen. »Und bis dahin bringe ich dir bei, wie man von den Felsen da drüben springt!« Ihre Augen funkelten übermütig.

»Nie im Leben!«, kreischte Marie auf. »Weißt du, was da alles passieren kann? Nie im Leben! Du bist ja echt total verruckt!«

Nachwort

Viele von uns träumen davon, einmal mit einem Delfin zu schwimmen oder eines dieser wunderbaren, intelligenten Tiere auch nur berühren zu dürfen.

Delfine sind verspielt und neugierig. Leider nutzen wir Menschen das gerne aus und denken gar nicht daran, dass wir sogar Krankheiten auf Delfine übertragen können.

Und wenn wir auf einer Delfinfahrt ganz nah an eine Gruppe heranbrausen, ist das in etwa so, als ob wildfremde Menschen plötzlich mitten in dein Kinderzimmer gestürmt kommen und auf deinem Spielzeug herumtrampeln.

Carlotta Pilars Geschichte ist etwas Außergewöhnliches. Sie hat Pequeño das Leben gerettet und ihn gesund gepflegt. Dadurch hat dieses wilde Tier seine Scheu vor ihr verloren. Zahm geworden ist er nie, aber das wollte sie auch nicht: Er war frei. Wann immer sie zu ihm ins Wasser gesprungen ist, hatte Pequeño jederzeit die Möglichkeit, sich zurückzuziehen. Und die beiden kannten sich gut. Pequeño ist zu ihr gekommen, niemals umgekehrt. Sie hat ihm seinen Raum gelassen.

Touristen tun das meist nicht, wenn sie Delfine beobachten wollen. Es geht oft darum, möglichst nah an die Tiere heranzukommen. Das ist schlimm für die Tümmler.

Wenn du Delfine sehen möchtest, achte darauf, dass der Veranstalter einer solchen Bootstour sich für die Umwelt und den Schutz von Walen und Delfinen engagiert und Rücksicht auf ihre natürliche Lebensweise nimmt.

Jedes Jahr sterben unzählige Delfine daran, dass wir Menschen die Meere verschmutzen oder ihren natürlichen Lebensraum durch Schifffahrt, Überfischung und auch Tourismus immer weiter einschränken und gefährden. Delfine wollen nicht in einem Zoo oder Delfinarium leben, nur damit wir sie bestaunen können. Sie möchten frei sein und Platz haben, schwimmen, wohin sie wollen. In der Natur legen sie täglich viele Kilometer zurück und manche Arten begeben sich auf weite Reisen im Meer.

Es ist allerdings keine Lösung, Delfine, die in Zoos oder Delfinarien geboren sind, zurück in die Freiheit zu entlassen. Wer in Gefangenschaft geboren ist, würde sich in der Natur nicht zurechtfinden. Diese Delfine würden verhungern oder ahnungslos Feinden zum Opfer fallen, weil sie es nie gelernt haben, sich zu verteidigen oder zu jagen.

Wichtig ist vielmehr, dafür einzutreten, dass nicht noch mehr Tiere aus der Natur gefangen werden und dass keine neuen Delfinarien in Deutschland (oder anderswo auf der Welt) gebaut werden. Dabei geht es leider nur ums Geld und die Tierliebe bleibt auf der Strecke.

Vielleicht hast du schon von Delfintherapien für behinderte Menschen gehört. Es gibt Forscher und Tierschützer, die sagen, dass dies ebenfalls den Delfinen schadet und sie aus Kummer sterben. Es kommt dabei auch hin und wieder zu Unfällen, die passieren, weil sich Delfine gegen aufdringliche Menschen wehren und sich nicht mehr anders zu helfen wissen.

Forschungen zeigen, dass Therapien mit zahmen Haustieren wie Pferden, Hunden oder Alpakas genauso gute Ergebnisse erzielen – und viel günstiger sind. Es gibt also Alternativen.

Wenn du Delfine liebst und mithelfen möchtest, sie zu schützen, hast du viele Möglichkeiten:

1. Fisch ist gesund. Aber achte darauf, dass der Fisch, den ihr kauft, delfinfreundlich gefangen wurde – das heißt ohne den Einsatz von Schleppnetzen, die zu tödlichen Fallen für Meeressäuger, Schildkröten und Vögel werden können.
2. Im Internet findest du viele Adressen von seriösen Hilfsorganisationen, die auch mit einer kleinen Spende schon viel anfangen können.
3. Dort werden auch Reisen und Touren angeboten, deren Einnahmen tatsächlich dem Schutz von Delfinen und Walen zugutekommen!

4. Organisiere in der Schule ein Projekt, in dem du andere über den Lebensraum von Delfinen und Walen informierst und erklärst, was man zu ihrem Schutz alles tun kann.
5. Wenn jeder von uns ein kleines bisschen mithilft, können wir eine Menge erreichen. Wir haben nur eine Erde. Wenn wir sie kaputt gemacht haben, können wir keine neue kaufen.

Die Autorin Karin Müller spendet einen Teil ihres Honorars für »Das Delfinmädchen« dem Schutz der Meeressäuger.

Lila Lakrizzen
Patricia Schröder
Dotte will hoch hinaus
144 Seiten. Hardcover.
Ab 8 Jahren.
ISBN 978-3-8157-9312-1

Dotte kann ihr Glück nicht fassen: Sie darf beim Städteturnier im Trampolinspringen mitmachen! Aber als Leo das erfährt, gibt es Ärger – schließlich springt sie viel besser als Dotte! Unter den Lila Lakrizzen bricht ein Riesenzoff aus und Dotte fühlt sich von allen im Stich gelassen. Und als wäre das nicht genug, hat ihr Schwarm Niklas plötzlich eine neue Freundin. Dotte ist megaeifersüchtig! Ob ihre Welt jemals wieder in Ordnung kommt?

Lila Lakrizzen
Patricia Schröder
Fannys verflixte Verwandlung
144 Seiten. Hardcover.
Ab 8 Jahren.
ISBN 978-3-8157-9870-6

Chucks oder Ballerinas? Fanny hat Riesenzoff mit Melanie. Ständig macht die Oberzicke sich über Fannys Klamotten und die kurzen Haare lustig. »Wie bei einem Jungen!«, sagt sie. Fanny kommt ins Grübeln. Ist sie vielleicht wirklich nicht mädchenhaft genug? Kurzerhand fasst sie einen Plan und ihre Lila-Lakrizzen-Freundinnen trauen schon bald ihren Augen nicht mehr ...